大地のビジュアル大図鑑
**6**
日本列島5億年の旅

# 大地にねむる
# 化石

文・監修：**田中康平**

ステゴサウルス
（子どもの化石）

# 大地にねむる化石
# もくじ

● 表紙の写真
**アンモナイト**(p.6)

所蔵:奇石博物館

● 裏表紙の写真
**三葉虫**(p.20)

所蔵:奇石博物館

ディッキンソニア (p.17)
写真:蒲郡市生命の海科学館

ニッポニテス (p.29)
所蔵:奇石博物館

ヤベオオツノジカ (p.42)
所蔵:国立科学博物館

## 3章 中生代 恐竜とともに生きた生き物たち

## 4章 新生代 日本列島ができた時代の生き物たち

# はじめに

地球に最初の生命が誕生して以来、40億年近くの月日が流れました。気の遠くなるような、とても長い、長い時間です。このあいだに数えきれないくらいたくさんの生き物が誕生しました。目には見えないほど小さな生き物から、全長が何十mにもなる巨大な動物や植物などです。また、想像をこえるようなふしぎな形をした生き物やかわった行動をする生き物が、進化しては絶滅していきました。

そんなぎっしりつまった生命の歴史を、本書ではたった50ページ弱で紹介しようというのですから、これはむぼうなことかもしれません。そこでいろいろな工夫を加えました。各時代を象徴する生き物の写真やイラストが豊富にのせてありますし、最新の研究成果も盛りこまれています。すべての生き物を紹介することはできませんが、生命のおおまかな歴史をたどることができます。

また、生き物は、火山活動や大陸移動、あるいは隕石衝突などの地球環境の変化とともに進化や絶滅をしましたし、ときには生き物が地球の環境をつくりかえました。

シリーズ「日本列島5億年の旅 大地のビジュアル大図鑑」のほかの本もいっしょに読むことで、理解をより深められるでしょう。

田中康平

## この本の使い方

この本は、さまざまな化石を写真とイラストで紹介しながら、生命の歴史の大きな流れをつかめるように工夫されています。

**1章** 「化石とは何か」という基本的なことを解説しています。

**2章** 私たちヒトにつながる祖先が誕生した、古生代の生き物たちの化石を紹介しています。

**3章** 日本でも発見が相次ぐ、恐竜が繁栄した中生代の生き物たちの化石を紹介しています。

**4章** 私たちがくらす日本列島ができた、新生代の生き物たちの化石を紹介しています。

見開き（2ページ）で1つのテーマをあつかう。

たくさんの写真とイラストを使ったわかりやすい解説。

---

**❶ 化石の写真**
骨格標本や母岩つきの化石など、さまざまなすがたの化石を紹介。レプリカ（複製品）の場合もある。

**❷ 復元画**
化石にもとづいてえがかれた、化石になった生き物が生きていたときのすがた。

**❸ 生き物などの名前**
写真で紹介している化石になった生き物の名前。

**❹ 学名または英名など**
世界共通の学名はイタリック体（斜体）で示している。学名が不明なものは、英名や一般的な名称とした。

**❺ 化石の情報**
化石になった生き物などの分類、化石が発掘された場所、生きていた時代、化石の大きさを示した。

**❻ 本文**
見開きで紹介している化石になった生き物の特徴やその時代の環境などについて解説。

**❼ 地質時代アイコン**
見開きの内容が、3つの大きな地質時代のどの時代にあたるものなのかを示している。

**❽ 用語解説**
そのページの内容をより深く理解するために必要な用語の意味を解説。

**❾ コラムやインタビュー**
化石を深掘りした話題やインタビューなど、化石にまつわるエピソードを紹介する。

---

**アイコン ●** アイコンは、シリーズ「日本列島5億年の旅 大地のビジュアル大図鑑」の全6巻共通で使用しています。

ほかの巻に関連する内容は、以下のアイコンで示している。

**1巻** 地球の中の日本列島　　**4巻** 大地をつくる岩石

**2巻** 地球は生きている 火山と地震　　**5巻** 大地をいろどる鉱物

**3巻** 時をきざむ地層

 **水** 水に深くかかわるもの。

 **くらし** 人びとのくらしにとって大切なもの。

**歴史** 昔から人に深くかかわりがあるもの。

（例）
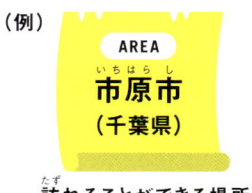
AREA
**市原市**
（千葉県）
訪ねることができる場所。

# 化石からの伝言を読みとく

岩石を割って、慎重にけずると、うずまき状のすがたが目の前にあらわれた。
アンモナイトだ！　彼らが生きていた太古の海を想像してみよう。

## アンモナイト

*Androgynoceras angulatum*

**分類**：頭足類
**産地**：ドイツ
**時代**：ジュラ紀前期
**サイズ**：全長約5cm

岩石の中の化石を掘りだして、
私たち生き物のふしぎにせまろう！

アンモナイトは
貝のなかま？

イカやタコの
なかまだよ。

おだやかな
浅い海で
生きていたんだ。

# 化石ってなんだろう?

「化石」を逆にすると「石化」。「石に化ける」とは石にすがたをかえるという意味だ。
動物の骨や殻だけでなく、植物や微生物、毛や内臓も地中で石化して化石になる。

## 卵の化石

恐竜の卵の殻の部分が地中で石化したもの。
卵の中の白身や黄身はない。

### マクロウーリサス

*Macroolithus*

**分類**:恐竜の卵／爬虫類
**産地**:中国江西省
**時代**:白亜紀後期
**サイズ**:卵の長さ約20cm

所蔵:大連自然史博物館(中国)

## 琥珀 [5巻]

太古の樹木の樹液が地中で化石となったもの。
虫がいっしょに化石化することもある。

### 虫入り琥珀

*Insects in Amber*

**分類**:植物、昆虫

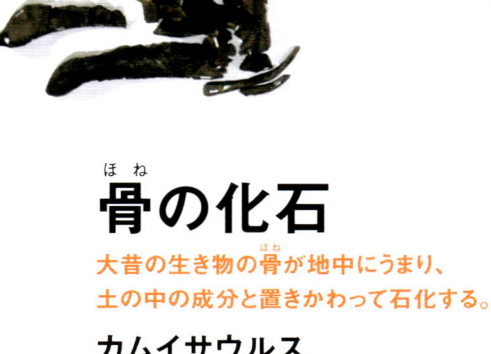

## 骨の化石

大昔の生き物の骨が地中にうまり、
土の中の成分と置きかわって石化する。

### カムイサウルス

*Kamuysaurus japonicus*

**分類**:恐竜／爬虫類
**産地**:北海道むかわ町
**時代**:白亜紀後期
**サイズ**:全長約8m

写真:むかわ町穂別博物館

## ウンチも足跡も化石に!

　化石と聞いて、多くの人が思いうかべるのは恐竜やマンモスの骨格、アンモナイトの殻などではないでしょうか。これらは生き物の体の一部が保存された正真正銘の化石です。体の一部(あるいは全部)が化石になったもののことを「体化石」といい、微生物の化石や植物の化石などもふくまれます。たいていは骨や殻などのかたい組織が化石になりますが、なかには毛や羽毛、うろこ、内臓などのやわらかい組織が化石になる場合もあります。

　また、生き物の生活の跡も化石になります。足跡やはい跡、ウンチなどです。このような化石は生き物の生活のようすがわかる「生痕化石」です。ほかにも、はっきりと形が残っていなくても、生物由来の化学成分が検出されれば、それは「分子化石」とよばれます。

大迫力！

## 木の化石

木の幹が地中で石化するときに、ケイ酸成分*がしみこんだもの。

所蔵：奇石博物館

### 珪化木

Silicified Fossil Wood

**分類**：植物　**産地**：不明　**時代**：不明
**サイズ**：約12cm

*ガラスのおもな成分（SiO$_2$）で、鉱物の石英やめのうと同じもの。

生痕化石の一種

## 足跡の化石

地面に残った足跡に土砂がたまって石化したもの。そこに生き物がいた証拠となる。

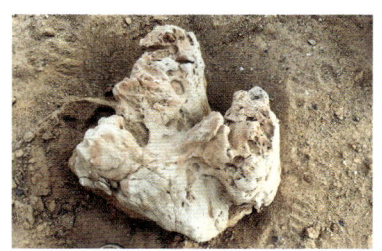

写真：坂田智佐子

### ハドロサウルス類の足跡

Hadrosaurid Footprint

**分類**：恐竜の足跡　**産地**：モンゴル
**時代**：白亜紀後期
**サイズ**：長さ約38cm

## 微化石　4巻

顕微鏡でないと見えない小さな化石。多くは水中のプランクトンの骨格や殻の化石だ。

写真：堀 利栄

### 放散虫

Radiolaria

**分類**：原生動物
**産地**：中部地方（美濃帯）
**時代**：ジュラ紀　**サイズ**：全長約240μm

生痕化石の一種

## ウンチの化石

生き物のウンチが地中にうまり、石化したもの。未消化の食べたものがふくまれていることがある。

### カメの糞石

Coprolite

**分類**：カメの糞
**産地**：マダガスカル
**時代**：白亜紀後期
**サイズ**：約15cm

所蔵：奇石博物館

コラム

### 石になったトンボ

　一般的に1万1000年前よりも古いものを化石とよぶ。写真の石化したトンボは、比較的新しいものなので化石とはよべないが、繊細な構造が残されており、当時のすがたを伝える貴重な標本だ。

所蔵：奇石博物館

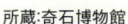

トンボに炭酸カルシウムが沈殿して石化した標本。アメリカ合衆国産。

# 化石はどこでできる？

化石は、陸上の川や湖、砂漠、大陸縁辺の砂浜や海で生みだされる「地層」の中でできる。
土砂が積みかさなってできた地層や、炭酸カルシウムがたまってできた石灰岩の地層などだ。

## 化石ができる場所

恐竜の化石は、川の近くでできることが多く、
昆虫や植物の化石は、池や湖の近くでできることが多い。水

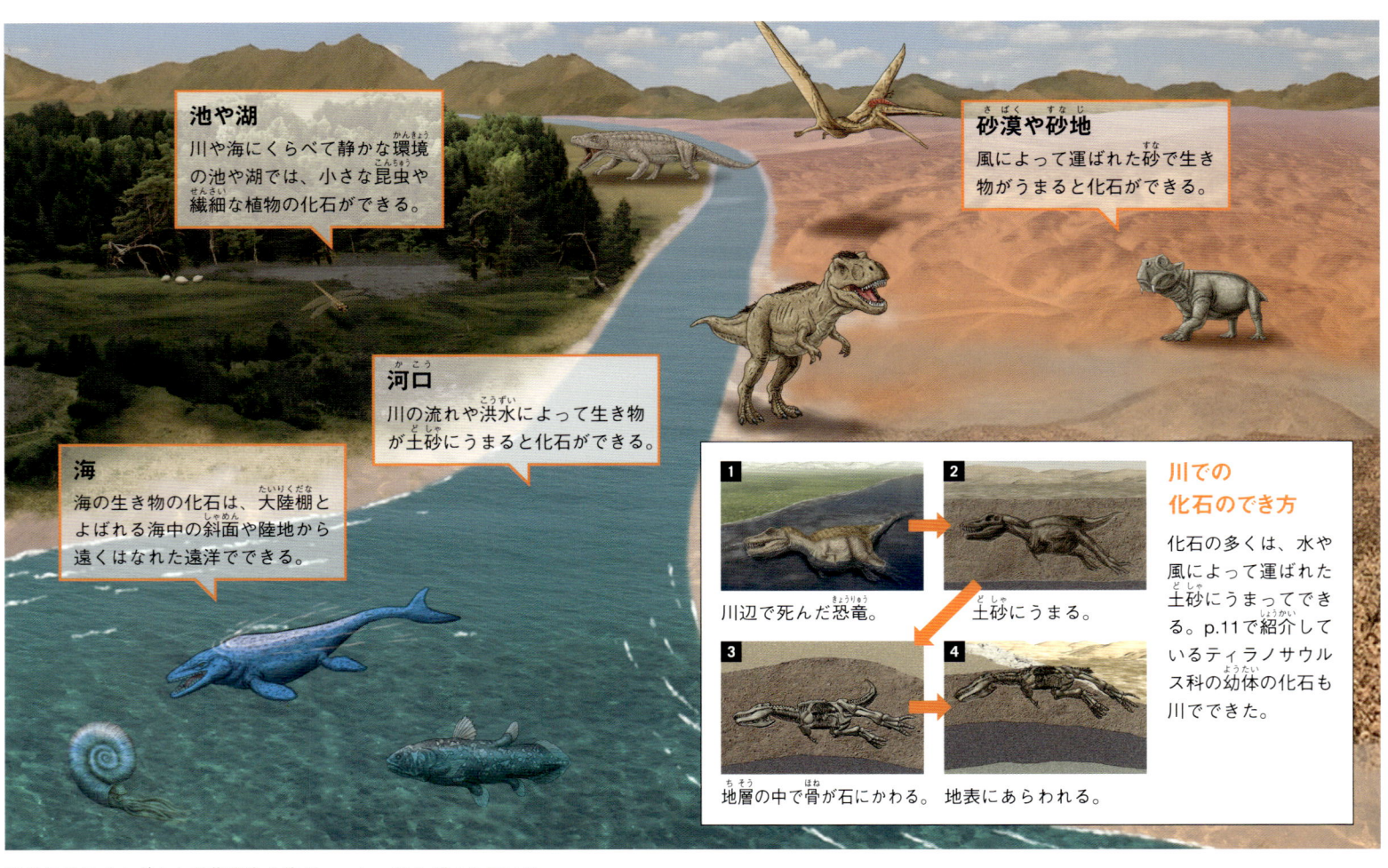

**池や湖**
川や海にくらべて静かな環境の池や湖では、小さな昆虫や繊細な植物の化石ができる。

**砂漠や砂地**
風によって運ばれた砂で生き物がうまると化石ができる。

**河口**
川の流れや洪水によって生き物が土砂にうまると化石ができる。

**海**
海の生き物の化石は、大陸棚とよばれる海中の斜面や陸地から遠くはなれた遠洋でできる。

1 川辺で死んだ恐竜。　2 土砂にうまる。
3 地層の中で骨が石にかわる。　4 地表にあらわれる。

**川での化石のでき方**
化石の多くは、水や風によって運ばれた土砂にうまってできる。p.11で紹介しているティラノサウルス科の幼体の化石も川でできた。

※ここにはさまざまな時代の生き物がいっしょにえがかれている。

## 陸地でも海でも化石はできる

　化石は、土砂が運ばれたり降りつもったりする場所なら、陸地でも海でもできます。陸地の場合、水がある場所、たとえば川の流れや洪水によって生き物が土砂にうまると化石になります。池や湖では静かに堆積していくため、小さな生き物や繊細な組織も化石になります。陸地では、砂漠など、風によって砂が堆積する場所でも化石ができます。海の場合は大陸棚とよばれる海底の斜面や陸地からはなれた遠洋などです。
　陸地と海の境目である砂浜や入江、ラグーン*、干潟なども化石ができる場所です。サンゴがすむようなあたたかくて浅い海では、炭酸カルシウムという物質が沈殿して固まり、化石になります。化石ができるには、微生物による分解をまぬがれ、地面の熱や圧力でこわれないなど、たくさんの条件が必要です。

＊砂州によって外海からへだてられた湖。

\ 著者たちが世界初の発見！ /

# 食べたえものが胃に残るティラノサウルス科の全身骨格

ティラノサウルス科の
**幼体の全身骨格**

所蔵：ロイヤル・ティレル古生物学博物館（カナダ）

ティラノサウルス科の肉食恐竜、ゴルゴサウルスの化石をはさんで立つ、カナダのロイヤル・ティレル古生物学博物館のフランソワ・テリアン学芸員（右）とカルガリー大学のダーラ・ゼレニツキー准教授。

**捕食するようすの復元図**

ゴルゴサウルスの幼体は、小さな恐竜シチペスの幼体の肉づきのよい後ろあしから好んで食べていたと考えられている。

イラスト：ロイヤル・ティレル古生物学博物館（カナダ）

## 恐竜の親子は食べ物がちがった

川で堆積した地層からはたくさんの恐竜化石が見つかる。カナダのゴルゴサウルスの幼体（子ども）の化石もそのひとつだ。この化石はなんと、お腹の中にシチペスという体の小さな恐竜が、折りたたまれて残されていたのだ。この発見によって、ティラノサウルス科の幼体は、成体（おとな）とことなり、とても小さなえものを食べていたことがわかった。

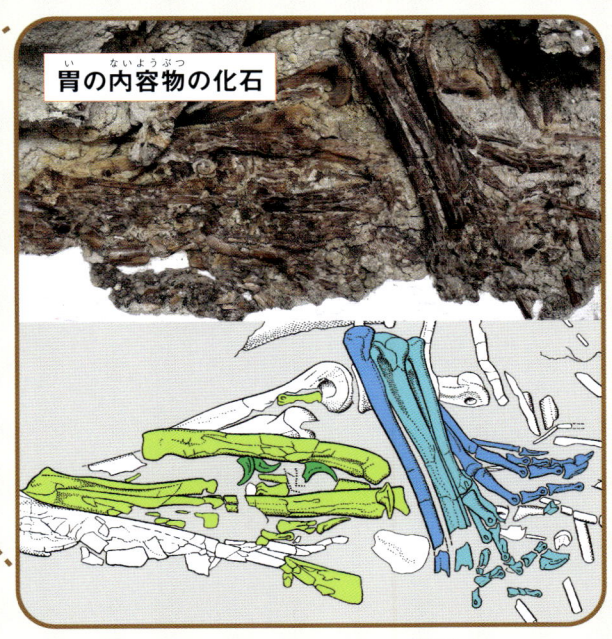

**胃の内容物の化石**

ゴルゴサウルスのえものとなった2頭の恐竜の後ろあしがそれぞれ保存されている。先に食べられた恐竜が黄緑色と緑色、あとに食べられた恐竜が青色と水色で示してある。

**体の大きさ比較**

ゴルゴサウルスの幼体（中央）と、好んで捕食していた小型恐竜シチペスの幼体（左の2体）の体の大きさ。

イラスト：ロイヤル・ティレル古生物学博物館（カナダ）

著者も共同で研究をおこないました

# 化石が語る生命の歴史

化石には、地球や生命の歴史など、たくさんの情報がつまっている。
化石は、過去の地球を私たちに教えてくれる手紙のようなものなのだ。

## 時代がわかる 示準化石 3巻

示準化石を発見すると、その化石をふくむ地層の時代がわかる。

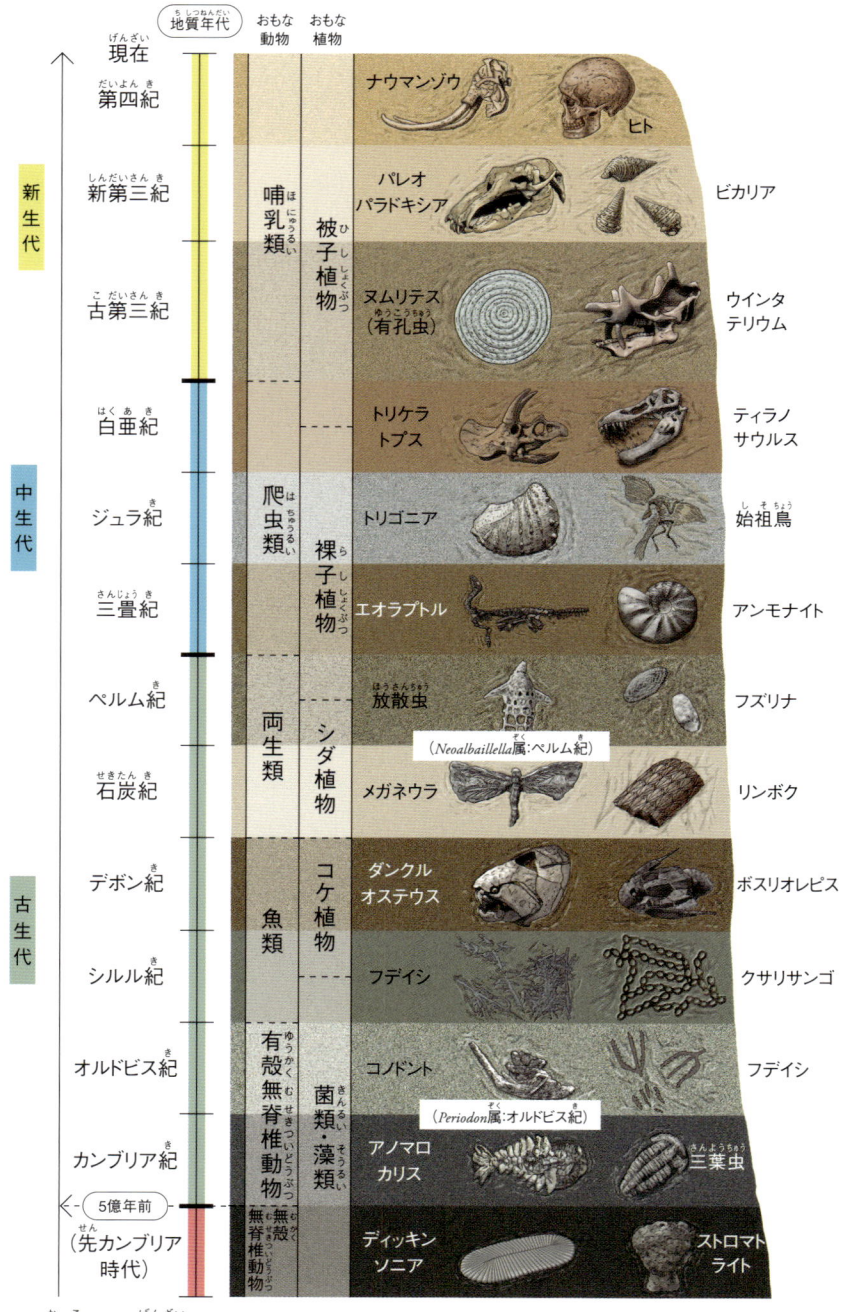

過去から現在まで、下から上に向かって時代が新しくなっていく。

地質年代 / おもな動物 / おもな植物

| 地質年代 | | おもな動物 | おもな植物 | | |
|---|---|---|---|---|---|
| 新生代 | 現在 | | | ナウマンゾウ | ヒト |
| | 第四紀 | 哺乳類 | 被子植物 | パレオパラドキシア | ビカリア |
| | 新第三紀 | | | ヌムリテス（有孔虫） | ウインタテリウム |
| | 古第三紀 | | | | |
| 中生代 | 白亜紀 | 爬虫類 | 裸子植物 | トリケラトプス | ティラノサウルス |
| | ジュラ紀 | | | トリゴニア | 始祖鳥 |
| | 三畳紀 | | | エオラプトル | アンモナイト |
| 古生代 | ペルム紀 | 両生類 | シダ植物 | 放散虫（Neoalbaillella属：ペルム紀） | フズリナ |
| | 石炭紀 | | | メガネウラ | リンボク |
| | デボン紀 | 魚類 | コケ植物 | ダンクルオステウス | ボスリオレピス |
| | シルル紀 | | | フデイシ | クサリサンゴ |
| | オルドビス紀 | 有殻無脊椎動物 | 菌類・藻類 | コノドント（Periodon属：オルドビス紀） | フデイシ |
| | カンブリア紀 | | | アノマロカリス | 三葉虫 |
| （先カンブリア時代） | 5億年前 | 無殻無脊椎動物 | 無殻菌類・藻類 | ディッキンソニア | ストロマトライト |

## 時代、環境、生態がわかる

化石につまっている情報とはなんでしょうか？ たとえば、ナウマンゾウの歯を調べれば、彼らが何を食べていたか推定できますし、いろいろな種類のアンモナイトをくらべれば、進化の流れが見えてきます。化石は、その生き物の生活のようすや進化の歴史を教えてくれるのです。

化石は当時の地球環境を知る手がかりにもなります。たとえば、サンゴ化石が見つかれば、かつてその場所はあたたかくて浅い海だったことがわかります。このように、当時の環境を知る指標になる化石が「示相化石」です。また、古生物には、ある時代だけに広く生息していたものもいます。このような生き物の化石が地層の時代を決定するのに役立つ「示準化石」です。

### 新生代

**ビカリア** *Vicarya*

写真：藤原治
全国の新第三紀中期の地層で見つかる貝化石。

**ナウマンゾウ** *Naumann's Elephant*

写真：横須賀市自然・人文博物館
約34万〜2万年前の全国の地層で見つかる。

### 中生代

**アンモナイト** *Annmonte*

所蔵：奇石博物館
4億〜6600万年前の地層から見つかる。

**トリゴニア** *Trigonia*

写真：奇石博物館
ジュラ紀〜白亜紀の地層で見つかる貝化石。

### 古生代

**フズリナ** *Fusulina*

写真：Mark A. Wilson
ペルム紀中期の地層で見つかる有孔虫の化石。

**三葉虫** *Trilobite*

写真：奇石博物館
古生代の地層で見つかる節足動物の化石。

# 環境がわかる 示相化石

示相化石を発見すると、その化石ができた当時の環境がわかる。

| 示相化石 | → わかること → | 地層が堆積した当時の環境 |

地層の中のマンモスの化石

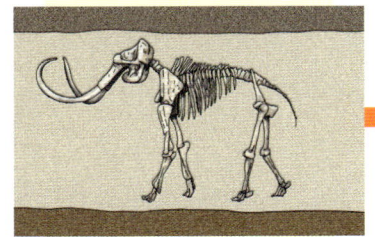

当時の環境:寒冷な陸上

地層の中のサンゴの化石

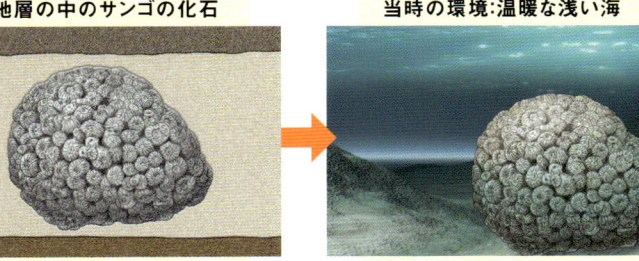

当時の環境:温暖な浅い海

化石は語る 太古からのメッセージ

## 陸上・温暖

### メタセコイヤ

Dawn Redwood

所蔵:奇石博物館

兵庫県神戸市産の化石。葉の長さ約8cm。

## 陸上・寒冷

### ステップマンモス

Steppe Mammoth

写真:ミュージアムパーク茨城県自然博物館

ユーラシア大陸北部の草原でくらしていた。

## 浅い海・温暖

### クサリサンゴ

Chain Coral

所蔵:奇石博物館

カナダ・ジョージア湾産の化石。幅約16cm。

## 浅い海・汽水域

### カキ

Oyster

所蔵:奇石博物館

岡山県勝田郡産の中新世の化石。幅約29cm。

---

# 生態がわかる 示相化石

示相化石から、恐竜の卵のあたため方など、生き物の生態がわかる。

## 卵のあたため方

### ヒパクロサウルス（ハドロサウルス類）

Hypacrosaurus

◉ 泥岩で発見された巣の化石

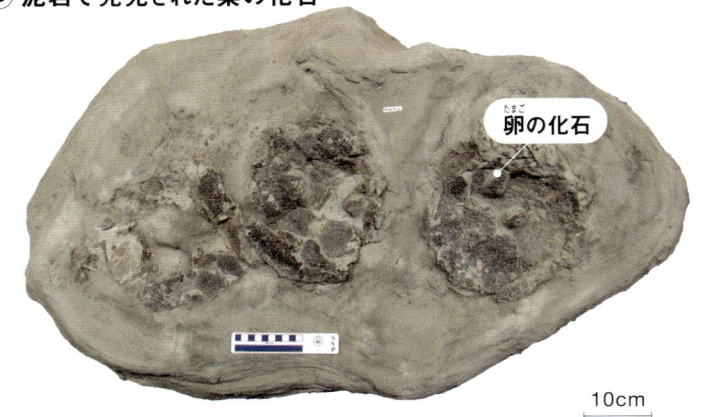

卵の化石

10cm

所蔵:ロイヤル・ティレル古生物学博物館（カナダ）

恐竜や鳥などがうむかたい卵殻は化石として残る。卵殻の表面のもようや内部の構造は種類によってさまざま。卵の化石を調べると、どのように卵を孵化させていたか推測できる。

ハドロサウルス類

粒子の細かい土を好む。

◉ 巣のイメージ

植物の発酵熱で卵をあたためていた？

# 世界共通！地質年代表の見方

下の表は、46億年前から現在までの地球の歴史を示す世界標準の地質年代表だ。
時代の区分けは、化石記録や地層の変化にもとづいている。

## 時代区分を決める化石と地層

「奈良時代」や「江戸時代」など、日本の歴史がいくつかの時代によって区分されているように、46億年におよぶ地球の歴史も「地質年代表」のとおり区分けされています。

地球の歴史は、生き物が存在しないか、あるいはあまり化石が見つからない長い時代、先カンブリア時代から始まります。先カンブリア時代は「冥王代」、「太古代」、「原生代」に分けられます。先カンブリア時代よりも後をまとめて「顕生代」といい、古いほうから「古生代」、「中生代」、「新生代」に分けられます。

これらの「代」はさらに「ジュラ紀」や「白亜紀」といった「紀」に細かく分けられます。このような時代の区分けは化石記録や地層の変化にもとづいているのです。

コラム

AREA
市原市
（千葉県）

チバニアン決定の根拠となった地層「千葉セクション」。

### 日本列島ゆかりの地質年代、チバニアン 3※

地質年代の境界は、それぞれ基準となる地層によって決められている。その国際的な基準として日本からはじめて選ばれたのが千葉県市原市の地層「千葉セクション」だ。第四紀の77.4万〜12.9万年前を示す時代が「チバニアン」と命名された。

## 地質年代表

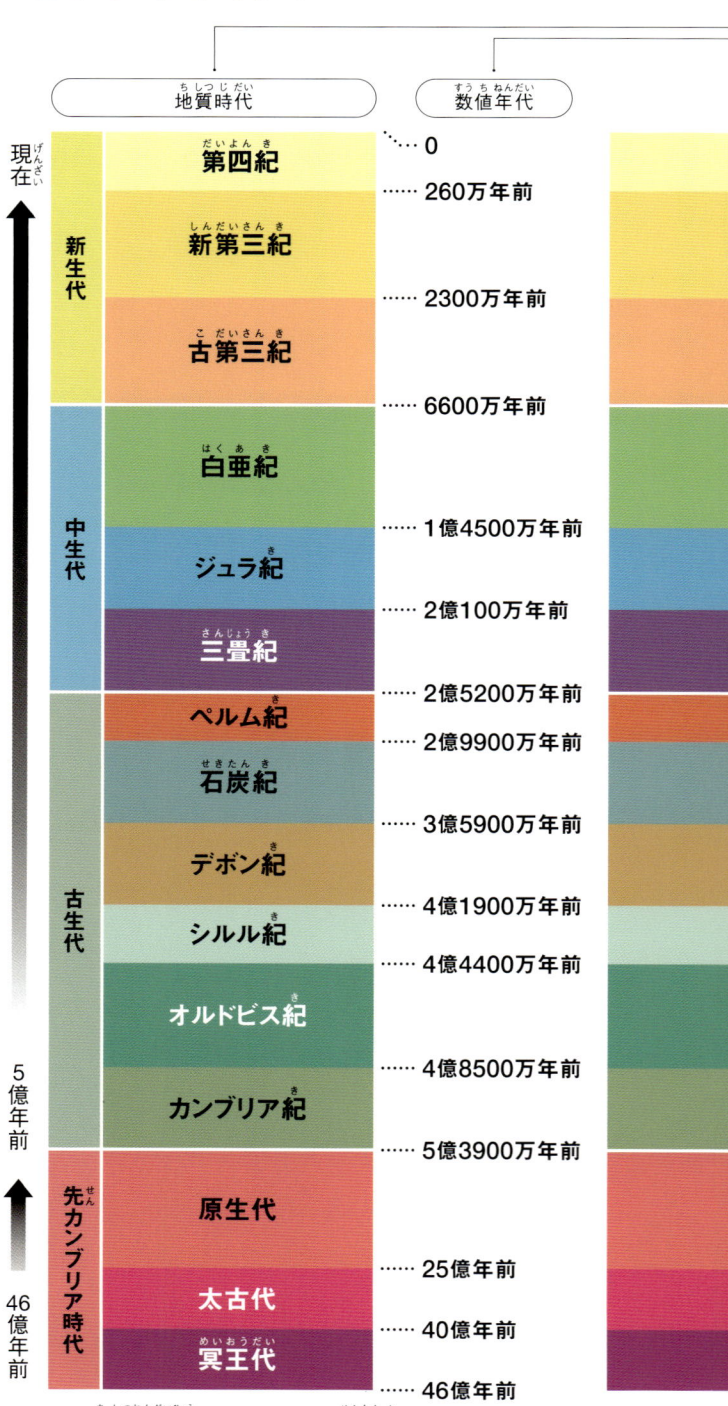

| 地質時代 | | 数値年代 |
|---|---|---|
| 新生代 | 第四紀 | 0 |
| | | 260万年前 |
| | 新第三紀 | |
| | | 2300万年前 |
| | 古第三紀 | |
| | | 6600万年前 |
| 中生代 | 白亜紀 | |
| | | 1億4500万年前 |
| | ジュラ紀 | |
| | | 2億100万年前 |
| | 三畳紀 | |
| | | 2億5200万年前 |
| 古生代 | ペルム紀 | |
| | | 2億9900万年前 |
| | 石炭紀 | |
| | | 3億5900万年前 |
| | デボン紀 | |
| | | 4億1900万年前 |
| | シルル紀 | |
| | | 4億4400万年前 |
| | オルドビス紀 | |
| | | 4億8500万年前 |
| | カンブリア紀 | |
| | | 5億3900万年前 |
| 先カンブリア時代 | 原生代 | |
| | | 25億年前 |
| | 太古代 | |
| | | 40億年前 |
| | 冥王代 | |
| | | 46億年前 |

現在 ← 5億年前 ← 46億年前

この地質年代表は、世界各国の専門家が話し合ってまとめた「国際年代層序表」（2023年9月改訂版）にもとづいている。

**地質時代**
地層の中の化石や地層の変化をもとに分けた時代。

**数値年代**
数字を使って何年前という形で示す年代。

**動物界**
それぞれの地質時代を代表する動物。

**植物界**
それぞれの地質時代を代表する植物。

**イベント**
各地質時代の代表的なできごと。

「国際年代層序表」って世界共通のものなの？

そうだよ。それぞれの国の言葉に翻訳して使っているよ。

| 動物界 | 植物界 | イベント |
|---|---|---|

● **日本列島に人が住む時代**
(p.42)
4万年前〜現在、私たちの祖先が日本列島でくらすようになった。

● **日本列島の誕生**
(p.38)
2500万〜1500万年前に大陸の一部がはなれて日本列島となった。

● **恐竜の絶滅**
(p.27)
巨大隕石の衝突などが原因で気候が寒冷化して鳥以外の恐竜が絶滅した。

**哺乳類**

**被子植物**

最終氷期（約7万〜1万年前）

人類の出現
日本海の形成（1500万年前）

哺乳類の進化

K-Pg境界　非鳥類恐竜の絶滅

**爬虫類**

**裸子植物**

鳥類の誕生、恐竜の多種進化

恐竜の巨大化

T-J境界　大量絶滅

恐竜の出現

P-T境界　大量絶滅

パンゲア超大陸の形成

**両生類**

**シダ植物**

F-F境界　大量絶滅

**魚類**

**コケ植物**

四足動物(p.22)の上陸

O-S境界　大量絶滅

**有殻動物無脊椎**

**菌類・藻類**

生物の上陸、魚類の出現

生物の爆発的進化

**無殻動物無脊椎**

エディアカラ生物群の絶滅

日本最古の岩石（約25億年前）

生命の誕生（約38億年前）、大陸地殻の形成

マグマオーシャンの固結（約44億年前）、地球の誕生（約46億年前）

**コラム**

**地質年代の色は世界じゅうで同じ**

| 新生代 |
|---|
| 中世代 |
| 古生代 |
| 先カンブリア時代 |

　地質年代は、各時代の名前だけでなく、色も決められている。これは時代区分の大小にかかわらない。たとえば、先カンブリア時代を示す色は赤、古生代は緑、中世代は青、新生代は黄色だ。同じにならないよう、さまざまな色が使われている。

# 先カンブリア時代から古生代へ

25億年前には生きていた微生物の化石が、今もオーストラリアの海岸をうめつくしている。
化石を調べると、かつて地球上にたくさんの酸素をもたらしていたことがわかった。

新生代
中生代
水　古生代

## 大気に酸素をもたらした微生物 1巻

バクテリア*がお菓子のミルフィーユのように堆積してできた化石。

### シアノバクテリア（化石）

Cyanobacteria

分類：シアノバクテリア
産地：オーストラリア
時代：先カンブリア時代
サイズ：幅約20cm

*光合成で酸素をつくる細菌の一種「シアノバクテリア」をさす。

所蔵：奇石博物館

シアノバクテリアがつくりだしたストロマトライト

西オーストラリアの海岸をうめつくす、直径50cmほどのストロマトライトの集まり。サンゴ礁と同じ石灰質からなる。

# 地球最古の真核生物（21億年前）

肉眼で見える大きさになった最初の生き物の化石。

## グリパニア（化石）

Grypania

分類：真核生物＊
産地：アメリカ合衆国
時代：原生代
サイズ：幅約10cm（母岩）

写真：蒲郡市生命の海科学館

＊細胞内に核をもつ
生き物のこと。
ヒトもキノコも真核生物のなかま。

## グリパニア（復元図）

コイル状のチューブのような体をしていた。全長は数cmほど。

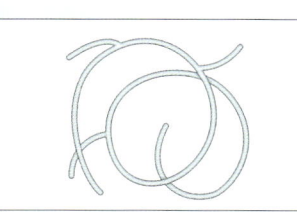

# 最古の多細胞生物（5億6000万年前）

世界各地で見つかっているふしぎな生き物の化石。

## ディッキンソニア（化石）

Dickinsonia

分類：エディアカラ生物群＊
産地：オーストラリア
時代：原生代
サイズ：幅約6cm

＊オーストラリアの
エディアカラ丘陵で
大量に発見された
生き物の化石群。

写真：蒲郡市生命の海科学館

## ディッキンソニア（復元図）

ミミズと同じ環形動物のなかまで、体の厚さは3mmほどとうすかった。大きいものは体長1mをこえる。

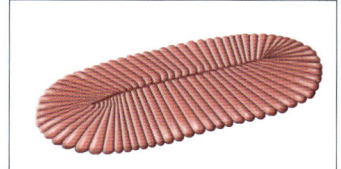

---

 **コラム**

### ストロマトライトのでき方

シアノバクテリアは水中で光合成をおこなう微生物だ。昼間に太陽の光を浴びて活発に光合成をおこない、夜は水平方向に成長する。その際、べとべとした粘液物質を出すため、泥粒などが表面に堆積する。シアノバクテリアは光を求めて堆積物の上へ進むので、これをくりかえすとミルフィーユのような層状のストロマトライトという構造ができあがる。

◉ **ストロマトライトができるしくみ**

出典：C.L.V. Monty et al.（1967），Distribution and structure of Recent stromatolitic algal mats, eastern Andros Island, Bahamas.などをもとに作成

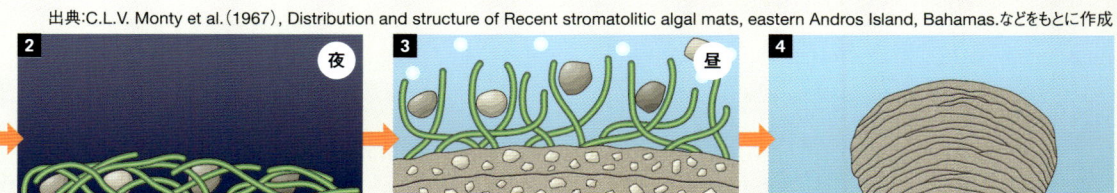

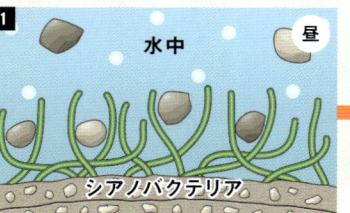

昼は上へ成長して砂粒などを固定する。

夜は水平方向へ成長していく。

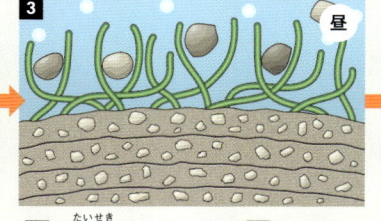

2が堆積してその上で1をくりかえす。

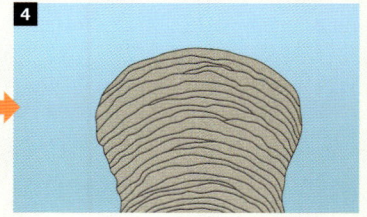

ミルフィーユのような化石が完成！

# カンブリア爆発の時代

約5億年前の地層からは、それまでには見られなかった生き物の化石がたくさん発見された。
カンブリア紀には、現在地上にいる動物の大きなグループが、ほぼ出そろったとされる。

新生代
中生代
**古生代**

## 節足動物の祖先?

節足動物とは、昆虫やエビなどをふくむ動物のグループ。
その祖先のひとつとしてアノマロカリスが注目されている。

**アノマロカリス（化石）**

*Anomalocaris canadensis*

分類:アノマロカリス科
産地:カナダ
時代:カンブリア紀中期
サイズ:全長約60cm

当時最強の生き物!?

**アノマロカリス（復元図）**
トゲのある触手と、するどい口を使って、小さな生き物を捕食していた。

写真:長谷川政美　所蔵:ロイヤル・オンタリオ博物館（カナダ）

## 今につながる5億年前の進化

　カンブリア紀は生命史上、とても重要な時代です。現在見られる生き物のほぼすべての主要なグループが出そろい、体のつくりや動きが新しい生き物があらわれたからです。さまざまな生き物が殻や外骨格などのかたい組織をもつようになり、海底をはいまわったり、泳いだり、動き方も変化しました。また、敵から身を守る、あるいはえものをおそう能力を身につけた種もいました。食う・食われるの関係がうまれたのです。なかには海底の泥の奥深くへもぐりこむなど、穴を掘る生き物も多く見られました。三葉虫やアノマロカリスなど、奇妙な形をした生き物が多くいるなかで、私たちの祖先にあたる脊索動物 (p.19) もあらわれました。

　このような、カンブリア紀における生き物の急速な進化や放散*を「カンブリア爆発」とよびます。

*ひとつの祖先から短期間に多様な子孫が進化すること。

# 原始的な脊索動物

私たちヒトや魚は、背骨をもつ脊椎動物のなかま。
ピカイアなどの脊索動物が分岐・進化して、脊椎動物が生まれた。

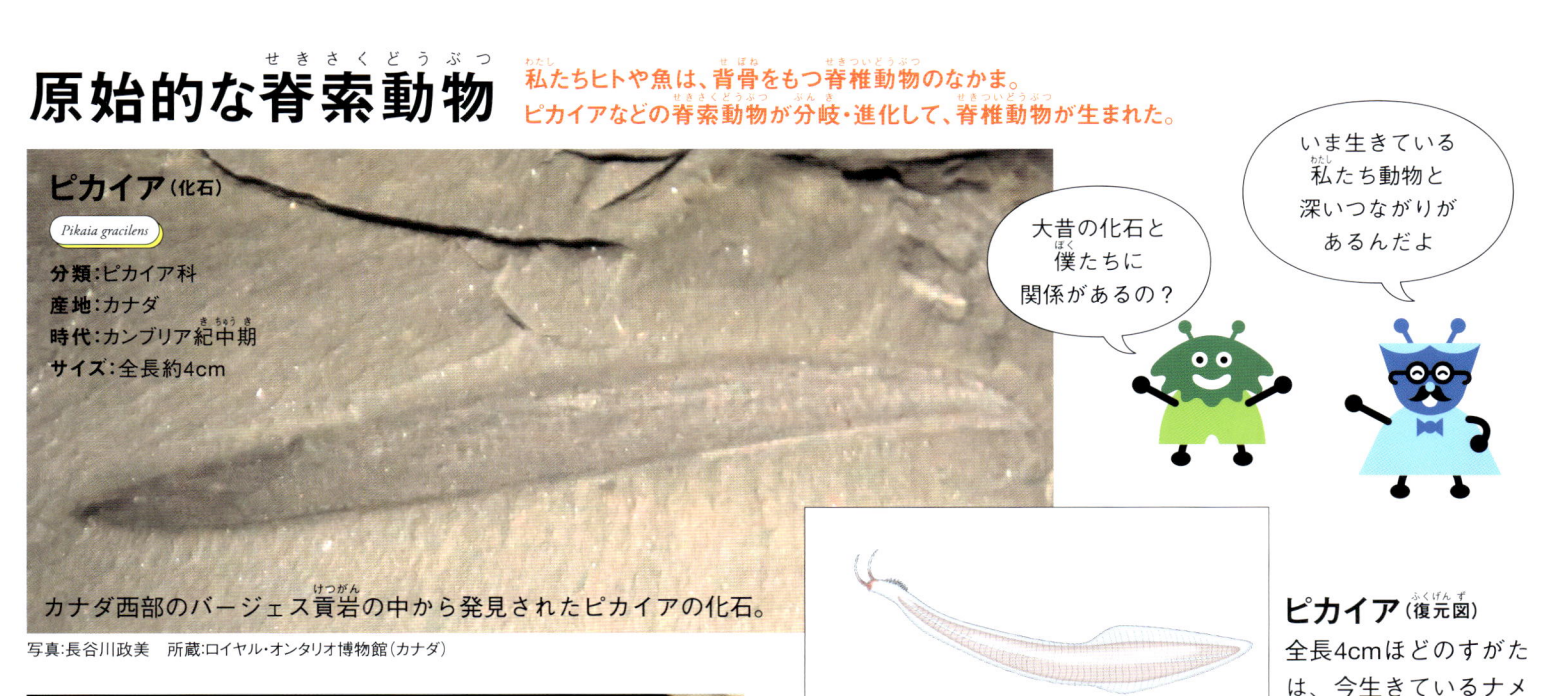

## ピカイア（化石）

*Pikaia gracilens*

分類：ピカイア科
産地：カナダ
時代：カンブリア紀中期
サイズ：全長約4cm

カナダ西部のバージェス頁岩の中から発見されたピカイアの化石。

写真：長谷川政美　所蔵：ロイヤル・オンタリオ博物館（カナダ）

大昔の化石と僕たちに関係があるの？

いま生きている私たち動物と深いつながりがあるんだよ

ピカイア（復元図）

全長4cmほどのすがたは、今生きているナメクジウオに似ている。

ナメクジウオ　*Branchiostoma japonicum*

写真：小宮輝之

背骨のような「脊索」をもつナメクジウオ。その祖先は、脊椎動物の祖先でもあると考えられている。「ウオ」とあるが魚ではない。

## 新発見で復元画がかわる

　ピカイアは、カナダのバージェス頁岩というカンブリア紀の化石を産する有名な産地から見つかった、全長数cmの脊索動物です。脊索動物とは脊椎動物よりも原始的ななかまをふくむ生き物です。最近の研究で、これまでの復元が上下逆であることがわかり、体の上側に神経が、下側に消化管が通っていました。

---

### コラム

### 5億年前、私たちヒトの祖先は、どんなすがたをしていたの？

　私たち脊椎動物の祖先となる動物はカンブリア紀に出現した。まだかたい背骨はもっていないものの、背骨に似た構造（脊索という）をもつことから脊索動物とよんでいる。わずかだが、ナメクジウオやホヤなどの原始的な脊索動物は今も生きている。カンブリア紀にはピカイアという初期の脊索動物の化石が見つかっている。これらの初期の動物が分岐し、脊椎動物が進化していった。

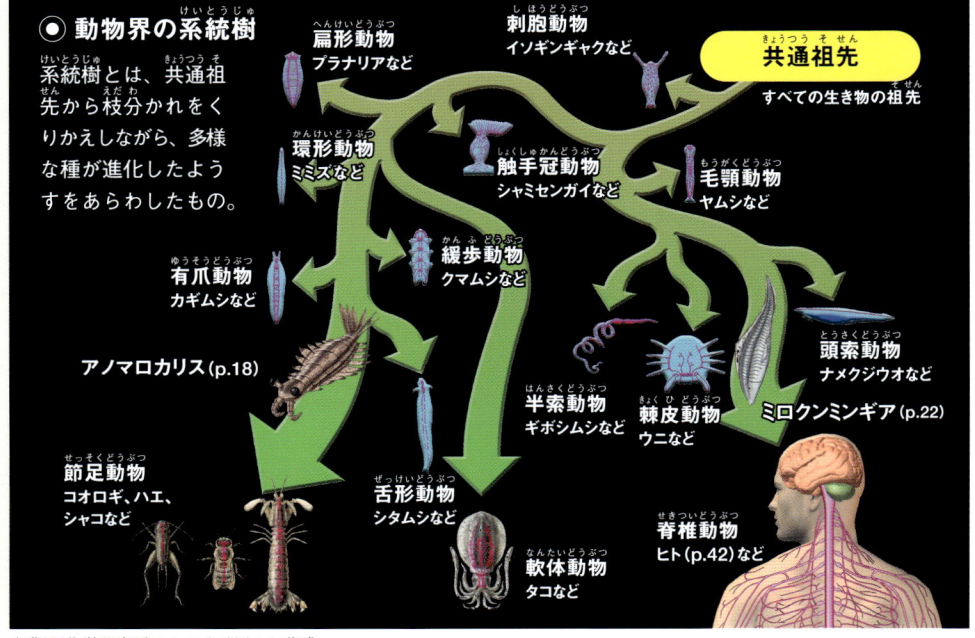

● 動物界の系統樹

系統樹とは、共通祖先から枝分かれをくりかえしながら、多様な種が進化したようすをあらわしたもの。

扁形動物　プラナリアなど
刺胞動物　イソギンチャクなど
共通祖先　すべての生き物の祖先
環形動物　ミミズなど
触手冠動物　シャミセンガイなど
毛顎動物　ヤムシなど
緩歩動物　クマムシなど
有爪動物　カギムシなど
アノマロカリス（p.18）
半索動物　ギボシムシなど
棘皮動物　ウニなど
頭索動物　ナメクジウオなど
ミロクンミンギア（p.22）
節足動物　コオロギ、ハエ、シャコなど
舌形動物　シタムシなど
軟体動物　タコなど
脊椎動物　ヒト（p.42）など

出典：理化学研究所のサイトなどをもとに作成

# 目をもつ生き物の登場

最初に目をもったのはカンブリア紀にいた三葉虫などの生き物たちだった。
化石として残る目を調べると、当時の生き物たちの食う・食われる関係が見えてきた。

## 複雑なすがたをした生き物

視力のある捕食者から逃れ、身を守るために、すがたが複雑になるように進化した。

**三葉虫**（化石）

*Phacops rana*

**分類**：ファコプス科
**産地**：アメリカ合衆国
**時代**：デボン紀中期
**サイズ**：全長約8cm

見えたら何がかわる?

**三葉虫**（全身・化石）
三葉虫はカンブリア紀からペルム紀まで進化をくりかえし、約1万5000種いたとされる。体にふくらみがあり、完全に丸まった防御の姿勢をとることができた。

**とびだしたタワー型の目**
いま生きているトンボと同じような複眼。広い視野と高い解像力をもっていた。

所蔵：奇石博物館

### 昆虫のような目をもっていた

カンブリア紀以降の動物たちには、かたい殻や外骨格をもつ以外に、とても大きな発明がありました。それは目です。目は、古い祖先がもっていた光を感じる器官（光感受器官）が進化したもの。三葉虫やアノマロカリスなどには、昆虫がもつような目がついていました。小さなレンズが集まってできていて、たとえば、アノマロカリスの目は1つにつき1万6000個ものレンズからなります。このような目を複眼といいます。

複眼をもつ生き物たちは、周囲のようすを正確に見て、えものをとらえたはずです。もちろん、目は敵から逃げる動物にとっても重要です。つまり、目の進化が生き物たちの食う・食われる関係を促進させた可能性があるのです*。目は、生き物たちの関係性をもかえてしまう、とても重大な発明でした。

*このような考え方を「光スイッチ仮説」とよびます。

# 古生代に繁栄した微生物

三葉虫のいた古生代、
世界じゅうの海に微生物たちもいた。

新潟県産の青海石灰岩の中のフズリナ化石。

写真：産総研地質調査総合センター

## フズリナ（有孔虫／化石）

*Fusulinella biconica*

**分類**：原生生物
**産地**：新潟県
**時代**：ペルム紀
**サイズ**：全長約1cm

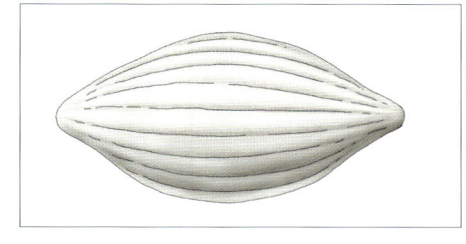

## フズリナ（復元図）

フズリナは古生代のあたたかい浅い海で生きていた有孔虫。沖縄のお土産で知られる「星砂」も同じ有孔虫のなかま。

星砂のご先祖さまだね！

---

**コラム**

## アクセサリーになった放散虫　くらし

　放散虫はとても美しい生き物である。かれらは原生動物に属する単細胞のプランクトンで、肉眼では見えないくらい小さい。シリカや硫酸ストロンチウムといったかたい骨格を持つため、化石としてたくさん見つかっている。放散虫の骨格は幾何学的な形をしていて、直線と曲線の組み合わせがとても美しい。アクセサリーのモチーフになるのもうなずけるだろう。

## 放散虫（化石）

*Albaillella sinuata*

**分類**：原生生物
**産地**：沖縄県
**時代**：ペルム紀前期
**サイズ**：全長約0.2〜0.3 mm

## 放散虫（化石）

*Prafolliculus ishigai*

**分類**：原生生物
**産地**：沖縄県
**時代**：ペルム紀前期
**サイズ**：全長約0.5 mm

写真（2点とも）：伊藤 剛／産総研地質調査総合センター

## 放散虫のシルバーアクセサリー

*Rotasphaera quadrata*

**分類**：原生生物
**産地**：アメリカ合衆国
**時代**：シルル紀後期
**サイズ（化石）**：全長
約0.1〜0.2 mm

## 5億年続く小さな生命

　顕微鏡でないと観察がむずかしいほど小さな生き物の化石をまとめて「微化石」とよんでいます。微化石には単細胞生物である有孔虫や放散虫、そして藻類である珪藻や円石藻などがふくまれます。フズリナは石炭紀中ごろからペルム紀にとても繁栄した有孔虫で、米粒のような形が特徴的です。放散虫は幾何学的な形の殻をもつプランクトンです。

## 放散虫の3Dモデル

*Entactinia itsukaichiensis*

**分類**：原生生物
**産地**：東京都
**時代**：シルル紀後期
**サイズ**：全長約0.2mm
（トゲ：約1〜2mm）

写真・制作（2点とも）：RC GEAR

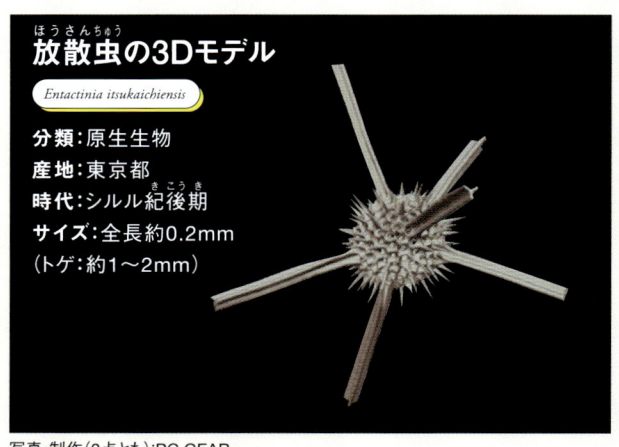

# 海から陸上への進出

古生代に魚が出現して、その後、私たちヒトの祖先は海から陸上へ進出した。
植物や昆虫の化石から、陸上では大森林の出現、昆虫の巨大化がおこったことがわかった。

新生代　中生代　**古生代**

## 化石からわかる進化

海から海岸、そして陸上へ。
生き物たちの進化の歴史。　水

※下のイラストにはさまざまな時代の生き物がいっしょにえがかれている。
また、生き物の大きさの比率は、実際のものとことなる。

大きな時間の流れ

**放散虫**（p.21）

**海**
生命が誕生したと考えられている海。古生代の海には現代の生き物たちにつながる祖先が生きていた。

**ミロクンミンギア**（化石）

*Myllokunmingia fengjiaoa*

**分類**：ミロクンミンギア科
**産地**：中国
**時代**：カンブリア紀前期
**サイズ**：全長約2.6cm

写真:Degan Shu

**ダンクルオステウス**（化石）

*Dunkleosteus*

**分類**：ダンクルオステウス科
**産地**：アメリカ合衆国
**時代**：デボン紀後期
**サイズ**：全長約6〜7m（頭から尾まで）

所蔵:国立科学博物館

**三葉虫**（p.20）

**ミロクンミンギア**（復元画）
現在発見されている最古の魚類。化石は中国の澄江動物群化石のひとつ。

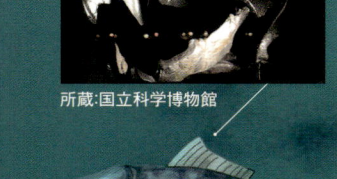

**ダンクルオステウス**（復元画）
するどい突起のあるあごが歯のかわりとなり、かむ力は全魚類のなかでいちばん強かった。

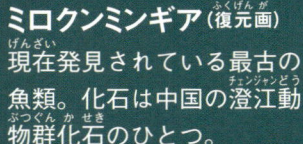

**アノマロカリス**（p.18）

**ティクターリク**（復元画）
ヒレで体をささえて、腕立てふせのような姿勢で歩くことができた。

**アンモナイト**（p.6）

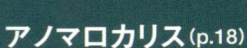

### 用語解説
**「四足動物」**

四足動物は、その名のとおり4つのあし（前肢と後肢）をもつ動物のことだ。四肢動物ということもある。なかにはヘビのように二次的に手足を失った動物もいるが、両生類、爬虫類、鳥類、哺乳類が四足動物にふくまれる。

写真:長谷川政美

四足動物のなかまたち。左からカエル（両生類）、カメ（爬虫類）、鳥（鳥類）、サル（哺乳類）。

# 体の進化が生きる場所をかえた

古生代になると、海の中で生活していた生き物たちのなかには、陸へと進出するものが出現しました。植物は古生代の前半に陸にあがりました。最初に陸に進出した植物は微生物だと考えられ、コケ植物、維管束植物*の順に陸の環境に適応していきました。最古の維管束植物の化石はシルル紀から見つかっています。

陸上植物の発達とともに、カンブリア紀からシルル紀にかけては昆虫やクモ、ヤスデが上陸しました。脊椎動物では肉鰭類とよばれる浅い水底をおすように進んでいた魚のなかまがヒレを発達させ、四足動物になりました。また、エラ呼吸から肺呼吸になりました。このような進化が水中から水辺、そして陸上へと生活環境の変化を引きおこしたのです。デボン紀の地層からは変化の途中の化石が見つかりました。

＊維管束植物は、乾燥した陸上での生活に適したつくりになっていて、根から水を吸いあげ、管を通して水や栄養を運ぶ。

### トビムシ
*Collembola*

分類：トビムシ目
時代：デボン紀後期から現在
サイズ：体長数mmのものが多い。
※イラストは、サイズを大きくしてえがかれている。

### 海岸
デボン紀になると海の生き物のなかから、陸上の植物や昆虫を食べるために陸上に進出するものがあらわれた。

写真：James St. John
所蔵：アメリカ・フィールド自然史博物館

### 陸上
森ができたのは4億年ほど前のデボン紀。木生シダなどが高い樹木になり森があらわれた。

写真：佐野市葛生化石館

### メガネウラ（化石／レプリカ）
*Meganeura*

分類：メガネウラ科
産地：フランス
時代：石炭紀後期
サイズ：翼開長約30cm

### メガネウラ（復元画）
広げた翅の長さが70cmにもなる、とても大きかったトンボの祖先。

### ティクターリク（化石）
*Tiktaalik roseae*

分類：肉鰭類
産地：カナダ
時代：デボン紀後期
サイズ：全長約2.7m

### ペコプテリス（化石）
*Pecopteris miltoni*

分類：リュウビンタイ科
産地：アメリカ合衆国
時代：石炭紀
サイズ：約13cm（母岩）

写真：産総研地質調査総合センター

### ペコプテリス（復元画）
櫛状の葉をもつ植物で、石炭紀の大陸の大森林のおもな植物のひとつ。

## コラム

### 日本最古級の化石 デボン紀の「リンボク」

リンボク（鱗木、レピドデンドロン）は石炭紀の森をつくった代表的な維管束植物だ。大きいものは高さが30m以上もあり、葉が落ちた跡は鱗状のもようになる。岩手県釜石市から、国内最古級であるデボン紀のリンボク化石が見つかった。

写真：産総研地質調査総合センター

### リンボク（化石／レプリカ）
*Leptophloeum cf. rhombicum*

分類：植物
産地：岩手県一関市
時代：デボン紀
サイズ：約10cm（母岩）

# 恐竜が繁栄した中生代へ

大量絶滅をへて恐竜が繁栄した中生代。小さかった恐竜は環境にあわせて大型化した。
同じ時代を生きた私たちヒトの祖先の哺乳類や、植物の移りかわりを化石からさぐろう。

| 新生代 |
| 中生代 |
| 古生代 |

## 生態系の頂点に君臨していた双弓類

双弓類とは、現生のワニ類の祖先や恐竜の祖先をふくむ生き物のグループ。

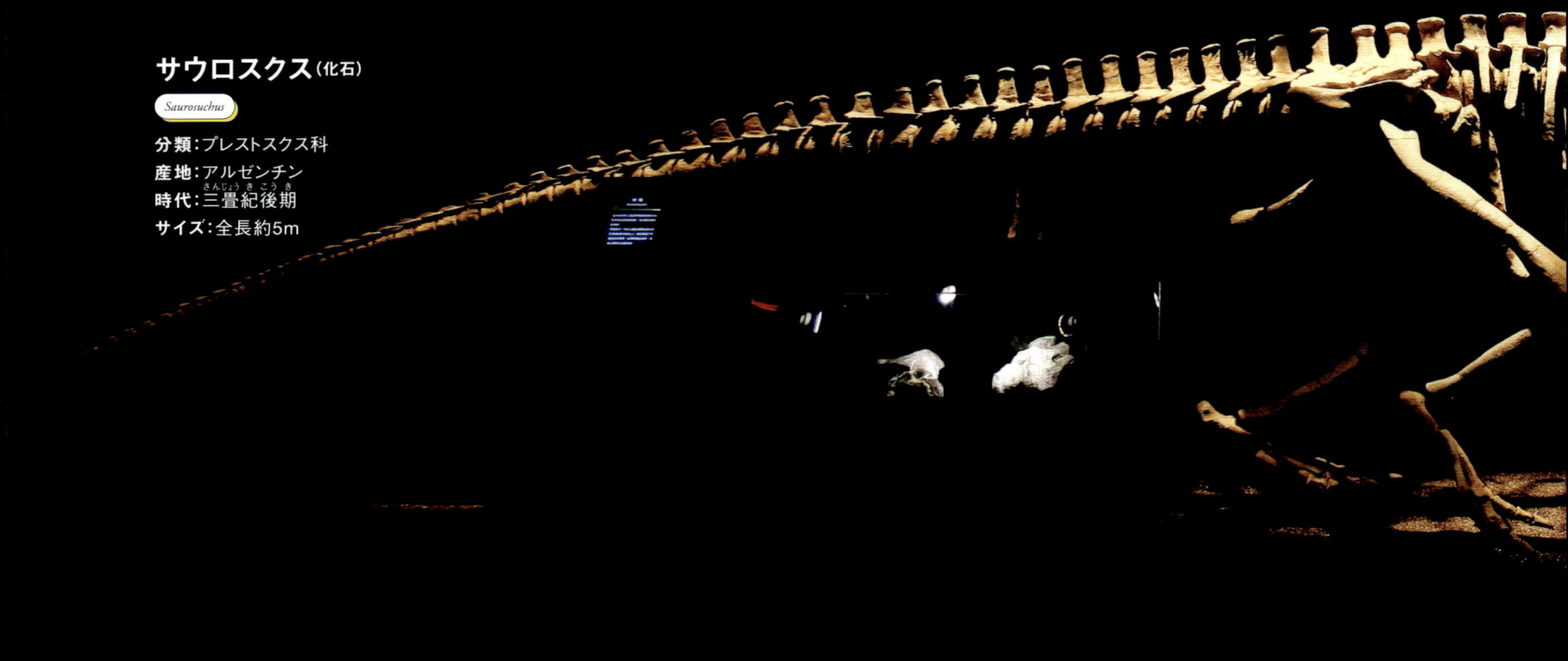

**サウロスクス**（化石）

*Saurosuchus*

分類：プレストスクス科
産地：アルゼンチン
時代：三畳紀後期
サイズ：全長約5m

**サウロスクス**（復元画）
強靭なあご、するどい歯は
肉食に特化しており、当時
最大級の肉食爬虫類だった。

## リストロサウルス
（復元画）

植物食の単弓類で、全長は1mほど。泳ぐのは苦手な体つきをしていた。

# 世界各地に生息した単弓類

単弓類とは、私たちヒトをはじめ現生の哺乳類の祖先をふくむ生き物のグループ。

### リストロサウルス（化石）

*Lystrosaurus*

**分類**：リストロサウルス科
**おもな産地**：
南極やアジアなど世界各地
**時代**：三畳紀前期
**サイズ**：全長約1m

写真：Jon Augier　所蔵：オーストラリア・ミュージアムズ・ビクトリア

3章　中生代　恐竜とともに生きた生き物たち

## 化石は大陸移動説の証拠のひとつ

ペルム紀から三畳紀にかけて生きていたリストロサウルスは、アフリカや南極、ユーラシア大陸という今では別べつの大陸から化石が見つかっています。リストロサウルスは陸上動物で、大陸間を泳いでわたったとは考えにくいため、当時は大陸がつながっていたことの証拠になっています。

◉ **リストロサウルスの化石分布**

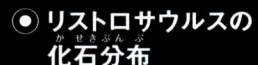

リストロサウルス

アフリカ　インド　南アメリカ　南極　オーストラリア

---

## コラム

### 双弓類と単弓類の見わけ方

　両生類よりも進化したタイプの四足動物（p.22）は、一部のグループをのぞいておもに2種類いる。双弓類と単弓類だ。この2つのグループは頭骨の特徴によって見わけられる。双弓類は左右に2つずつあな*1があいている。いっぽう、単弓類は目のあな*2のうしろに、あなが左右に1つずつあいている。彼らの名前は、これらのあなに由来しているのだ。ただし、進化して頭骨の形がかわってしまい、あなが見えにくい種類もいる。

◉ **単弓類と双弓類の比較**

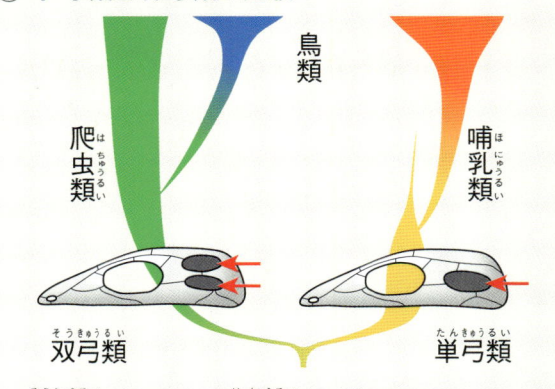

鳥類　爬虫類　哺乳類

双弓類　単弓類

双弓類のなかから爬虫類や鳥類が進化した。いっぽうの単弓類のなかから哺乳類が進化した。

---

*1 有羊膜類の生き物にある側頭窓。ただしカメには側頭窓がない。　*2 眼球が入るあなで眼窩という。

# 恐竜の誕生から絶滅まで

アパトサウルスの巨大さやステゴサウルスの風がわりな外見に、私たちは目をうばわれる。
しかし、恐竜類ははじめから巨大でふしぎなすがたをしていたわけではなかった……。

新生代
中生代
古生代

## 恐竜はさまざまな系統で大型化した

1億5000万年前に竜脚類が大型化した。
その後、8000万年前に肉食恐竜が巨大化した。

所蔵:国立科学博物館

**エオラプトル（化石／レプリカ）**

*Eoraptor lunensis*

分類：エオラプトル科
産地：アルゼンチン
時代：三畳紀後期
サイズ：全長約1m

**恐竜の誕生**（2億3000万年前）
最初の恐竜は南半球で誕生したと考えられる。

2億3000万年前

**アパトサウルス（化石）**

*Apatosaurus ajax*

分類：ディプロドクス科
産地：アメリカ合衆国
時代：ジュラ紀後期
サイズ：全長約18m

所蔵:国立科学博物館

**アパトサウルス（復元画）**
体重30tをこえるとても大きな恐竜。長い首を使って木の葉を食べていた。

**鳥類の誕生**（1億5000万年前）
獣脚類のなかから最初の鳥類があらわれた。

**エオラプトル（復元画）**
最古の恐竜の一種。まだ体が小さく、すばしっこい恐竜だった。

**竜脚類が巨大化**
（1億5000万年前）
大量の植物を消化できるよう、大型化した竜脚類が出現。

1億5000万年前

**ステゴサウルス（復元画）**
背中に大きな板をもつ恐竜。尾のスパイク（トゲ）は防御に使った。

**ステゴサウルス**
（子どもの化石）

*Stegosaurus stenops*

所蔵:国立科学博物館

分類：ステゴサウルス科
産地：アメリカ合衆国
時代：ジュラ紀後期
サイズ：全長約7m

## 柴犬のように小さかった恐竜

　エオラプトルなどの最初期の恐竜は柴犬ほどの大きさしかなく、ほかの爬虫類のかげでおびえるような存在でした。三畳紀末にライバルたちが絶滅していなくなると、恐竜たちは多様化し、さまざまな大きさや形に進化しました。たとえば、ステゴサウルスのなかまは背中にトゲや板をもち、トリケラトプスのなかまやパラサウロロフスのなかまなどはトサカやトゲ、ツノなど、頭に特徴があります。

　竜脚類は首が長く、最大で90tになる巨体が特徴的です。ジュラ紀後期には肉食恐竜を多くふくむ獣脚類たちのなかから、鳥類が出現しました。白亜紀末に隕石が衝突し、鳥をのぞくすべての恐竜が絶滅しました。

## 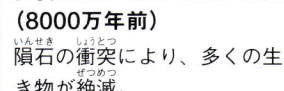 用語解説

## 「恐竜類」と「鳥類」

恐竜類は爬虫類にふくまれるグループのひとつで、太ももの骨がはまるよう、骨盤に大きなあながあるなど、ほかの爬虫類にはない特徴をもっている。鳥類は恐竜類のなかから出現したグループなので、鳥も恐竜にふくまれる。鳥以外の恐竜をさすときには、「非鳥類型恐竜」ともいう。

恐竜の子孫が鳥だよね？

そう、恐竜と鳥は同じ恐竜類なんだよ。

**肉食恐竜が巨大化**（8000万年前）
隕石の衝突により、多くの生き物が絶滅。

所蔵:国立科学博物館

**恐竜の絶滅**（6600万年前）
白亜紀末にはティラノサウルス科が巨大化した。

6600万年前

**ティラノサウルス**（復元画）
史上最大の肉食恐竜。あごの力や嗅覚がとてもすぐれていた。

所蔵:国立科学博物館

**始祖鳥**（化石／レプリカ）

*Archaeopteryx lithographica*

分類:アーケオプテリクス科
産地:ドイツ
時代:ジュラ紀後期
サイズ:全長約50cm

**ティラノサウルス**（化石／レプリカ）

*Tyrannosaurus rex*

分類:ティラノサウルス科
産地:アメリカ合衆国
時代:白亜紀後期
サイズ:全長約12m

**トリケラトプス**（復元画）
ケラトプス類で最大の種。ツノは同じ種どうしでの闘争や防御のためと考えられている。

**始祖鳥**（復元画）

最古級の鳥類。歯や長い尾をもつなど、原始的な特徴を残している。

写真:坂田智佐子

**パラサウロロフス**（化石）

*Parasaurolophus walkeri*

分類:ハドロサウルス科
産地:アメリカ合衆国、カナダ
時代:白亜紀後期
サイズ:全長約10m

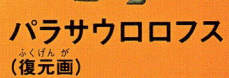

**パラサウロロフス**（復元画）

長いトサカが特徴的な恐竜。トサカの内部は空洞になっていて、大きな音を出せたと考えられている。

写真:Rodney Start　所蔵:オーストラリア・ミュージアムズ・ビクトリア

**トリケラトプス**（化石）

*Triceratops horridus*

分類:ケラトプス科　産地:アメリカ合衆国
時代:白亜紀後期　サイズ:全長約9m

---

**インタビュー**

● **坂田玉枝さん**（プリパレーター／長崎市恐竜博物館）

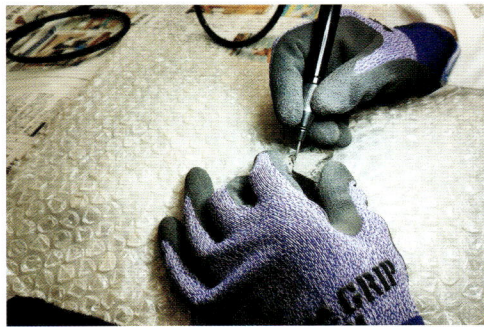 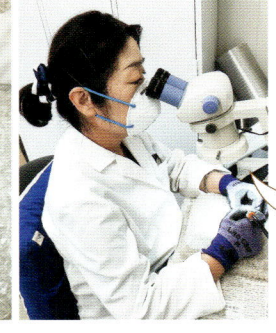

岩石の中から化石を取りだす「クリーニング」。化石に近づいたときに、まわりの石がはがれて化石が出てくる瞬間が楽しい。

**! 恐竜研究をささえる仕事「プリパレーター」**

化石研究の「準備をする人」という意味の「プリパレーター」とよばれる仕事をしています。恐竜などの化石の標本をつくっています。細かい作業なので、辛抱強く化石が好きな人が向いています。

# 恐竜時代の動物たち

中生代に繁栄したのは恐竜だけではない。同じ時代の化石が国内外で発見されている。海の中を泳ぎ、陸上を歩き、空を飛んでいた生き物たちはどんなすがたをしていたのだろう?

新生代
中生代
古生代

## 大繁栄したアンモナイト

中生代には、恐竜のほかにもたくさんの生き物がすんでいました。ワニやカメなどの爬虫類のほかに、大空には翼竜がいました。翼竜は鳥類よりも先に自分で羽ばたいて飛ぶことができたグループで、比較的恐竜に近いなかまです。いっぽう、海にはダペディウムやシーラカンスなどの魚類はもちろん、イルカに似た魚竜類やフタバスズキリュウに代表されるプレシオサウルス類、そしてどうもうなハンターであるモササウルス類など、大型の海棲爬虫類がたくさんいました。カメやワニのなかにも海に進出したグループがいました。

アンモナイトは中生代を代表する軟体動物で、日本では一見アンモナイトとは思えないようなふしぎな形をしたニッポニテスが見つかっています。

### ネッシーの正体!?

### プレシオサウルス類

日本では北海道から九州まで各地で化石が発見されている。

**フタバスズキリュウ**（化石／レプリカ）

*Futabasaurus suzukii*

**分類**：エラスモサウルス科
**産地**：福島県いわき市
**時代**：白亜紀後期
**サイズ**：全長約9m

所蔵:国立科学博物館

### かたい骨とうろこをもつ

### 魚類（条鰭類）

硬骨魚類*のなかからシーラカンスなどの肉鰭類をのぞいたグループ。

**ダペディウム**（復元画）

平べったい体はかたいうろこでおおわれ、するどい歯とかむ力の強いあごをもっていた。

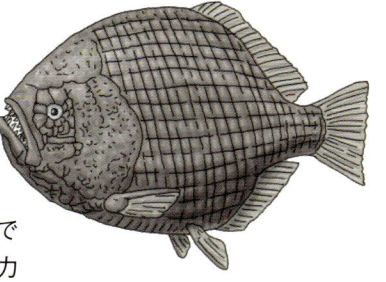

**ダペディウム**（化石）

*Dapedium punctatum*

**分類**：セミオノトゥス科
**産地**：ドイツ
**時代**：ジュラ紀
**サイズ**：全長約21cm

*体をささえる骨格がかたい骨でできている魚類。

所蔵:栃木県立博物館

### 肉質のヒレをもつ

### 魚類（肉鰭類）

硬骨魚類のなかからダペディウムなどの条鰭類をのぞいたグループ。

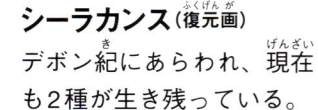

**シーラカンス**（復元画）

デボン紀にあらわれ、現在も2種が生き残っている。

所蔵:国立科学博物館

**シーラカンス**（化石）　*Mausonia*

**分類**：マウソニア科　　**産地**：モロッコ　　**時代**：白亜紀　　**サイズ**：全長約5m

## フタバスズキリュウ（復元画）

長い首はとてもたくさんの骨「頸椎」にささえられている。

恐竜時代の空の支配者

## 翼竜類

脊椎動物としてはじめて羽ばたいて空を飛んだ、恐竜時代の爬虫類のなかま。

### ランフォリンクス（復元画）

歯のある口で魚を食べ、長い尾でバランスを取って飛んでいた。

所蔵：栃木県立博物館

### ランフォリンクス（化石／レプリカ）

*Rhamphorhynchus gemmingi*

分類：ランフォリンクス科　産地：ドイツ
時代：ジュラ紀　サイズ：翼開長約1.8m

海の中の巨大トカゲ

## モササウルス類

白亜紀の海でもっとも大きくて強かった爬虫類。オオトカゲのなかまから進化した。

### モササウルス（復元画）

化石のお腹からはイカやタコのなかま、海鳥が見つかった。

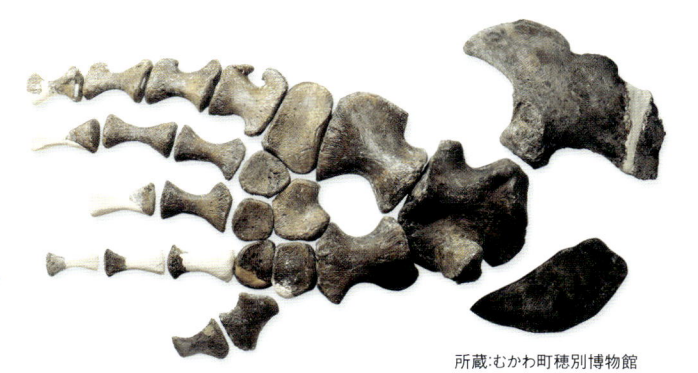

所蔵：むかわ町穂別博物館

### モササウルスの右前ヒレ（化石）

*Mosasaurus hobetsuensis*

分類：有鱗目　産地：北海道むかわ町　時代：白亜紀　サイズ：全長約8m

形がイルカにそっくり

## 魚竜類

恐竜時代に海の中で繁栄した、魚に似た爬虫類のなかま。流線形の体で高速で泳げた。

### オフタルモサウルス（化石／レプリカ）

*Ophthalmosaurus icenicus*

分類：オフタルモサウルス科
産地：イングランド
時代：ジュラ紀　サイズ：全長約4m

所蔵：Museo delle Scienze（イタリア）

### オフタルモサウルス（復元画）

大きな目は直径約22cmほどで、暗い深海で役立っていた。

イカやタコのなかま

## アンモナイト類

ジュラ紀から白亜紀の海で大繁栄した。海の爬虫類のエサにもなった。

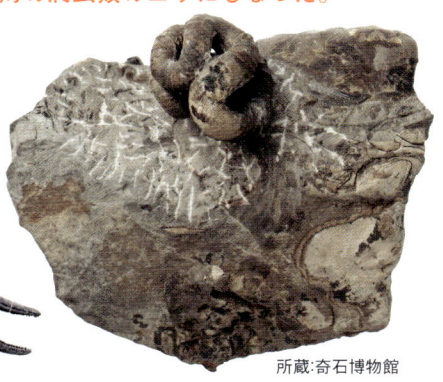

所蔵：奇石博物館

### ニッポニテス（化石）

*Nipponites mirabilis*

分類：ノストセラス科　産地：北海道夕張市
時代：白亜紀後期　サイズ：全長約3cm

### ニッポニテス（復元画）

世界的にもめずらしい異常巻*で、日本を代表する化石のひとつ。

*多くのアンモナイト類とはことなり、とてもめずらしい形をしたもの。産出頻度がきわめて低い。

# すがたをかえる植物たち

中生代の地層から発見された葉や種の化石から、過去の植物のすがたが見えてきた。
恐竜が繁栄した時代に、美しい花をさかせる植物とともに蜜を吸う昆虫があらわれた。

## 裸子植物から被子植物の時代へ

白亜紀中期までの裸子植物の時代から、
被子植物の時代に移りかわった。

### 裸子植物

裸子植物は古生代のペルム紀にあらわれて中生代のジュラ紀に繁栄した。

**生きた化石**

### イチョウ類

ペルム紀後期から白亜紀前期に繁栄した。

**ギンゴイテス（化石）**

*Ginkgoites*

分類：イチョウ科
産地：山口県美祢市
時代：三畳紀　サイズ：約17.5cm（母岩）

所蔵：産総研地質調査総合センター

2枚にさけている

**ギンゴイテス（復元画）**

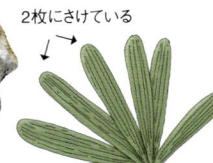

葉の形は現在のイチョウとはちがい、長細く2枚にさけた形をしている。

**大繁栄した裸子植物**

### ソテツ類

恐竜時代にもっとも繁栄した裸子植物。現在の種は「生きた化石」とよばれる。

**オトザミテス（化石）**

*Otozamites*

分類：ベネチネス目
産地：富山県朝日町
時代：ジュラ紀
サイズ：約13.5cm（母岩）

所蔵：産総研地質調査総合センター

**オトザミテス（復元画）**

日本国内をはじめ世界じゅうの中生代の地層から化石が発見されている。

**北半球特有の**

### ヒノキ類

中生代にあらわれたヒノキの化石は日本各地で発見されている。

**メタセコイヤの球果（化石）**

*Metasequoia*

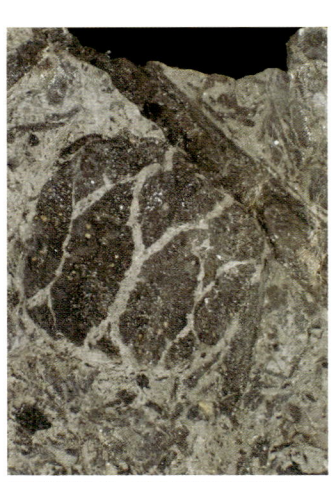

分類：ヒノキ科
産地：福島県広野町
時代：白亜紀後期
サイズ：約2cm

写真：猪瀬弘瑛　所蔵：福島県立博物館

**メタセコイヤ（復元画）**

現在は1種だけ残っているので「生きた化石」とよばれる。

## 植物の変化は動物にも影響した

　現在、私たちのすむ世界は花であふれていますが、花をさかせる植物、被子植物がたくさん見られるようになったのは恐竜時代のことです。それまで、陸上では裸子植物*やシダ植物が繁栄していました。しかし、白亜紀中ごろになると、被子植物が急速にふえていったのです。被子植物は裸子植物よりもすばやく繁殖し

て成長するので、植物食恐竜に食べられてもすぐ回復できました。また、昆虫や動物に受粉を助けてもらったり、種を運んでもらったりします。つまり、被子植物は周囲の動物たちや環境にも影響をあたえたのです。
　白亜紀になると被子植物を食べる植物食恐竜や花の蜜を吸う昆虫が出現しました。被子植物が生き物をとりまく世界をかえていったこの現象のことを「白亜紀の陸上革命」とよびます。

*ヒノキやスギなどの針葉樹やソテツ、イチョウなど。裸子植物と被子植物のちがいについては、p.31を参照。

## 被子植物

美しい花をさかせる被子植物は恐竜時代の白亜紀にあらわれた。

### アルカエフルクトゥス（化石）

*Archaefructus liaoningensis*

分類：被子植物　産地：中国
時代：白亜紀前期
サイズ：約5cm（見えている茎の部分）

所蔵：福井県立恐竜博物館

**もっとも古い被子植物化石**

## アルカエフルクトゥス科

水の中で生きていて、花は水面でさいていたのかもしれない。

アルカエフルクトゥス（復元画）

浅くて水位のかわりやすい湖岸などで生きていたと考えられている。

**1.5億年前**

**原始的な被子植物**

## トリメニア科

現在も生きている被子植物のなかでもっとも原始的なグループのひとつ。

### トリメニアの種（化石）

*Stopesia alveolate*

分類：被子植物
産地：北海道三笠市
時代：白亜紀前期
サイズ：約2cm

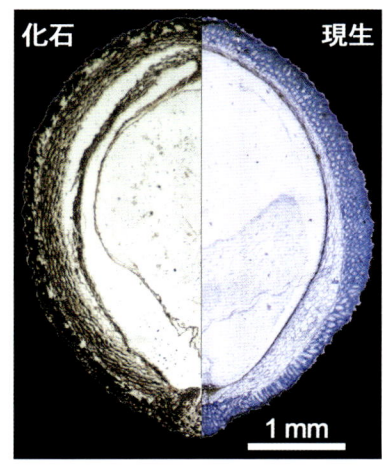

写真：山田敏弘

化石　　現生

1 mm

同じ縮尺でならべた化石（左）と今生きているトリメニアの種子。

---

## 「裸子植物」と「被子植物」

裸子植物と被子植物はともに種子をつくって繁殖するので、種子植物とよばれている。ただし、裸子植物は種になる胚珠がむきだしになっているいっぽう、被子植物は胚珠が子房で包まれている。いろいろな植物で観察してみよう。

● 「裸子植物」と「被子植物」のちがい

被子植物（例：ハウチワカエデ）

胚珠　子房

雌花

裸子植物（例：イチョウ）

胚珠

雌花

**花の進化にせまる化石**

## バンレイシ科

北海道の白亜紀の地層から発見された。現在は熱帯地方に分布している植物。

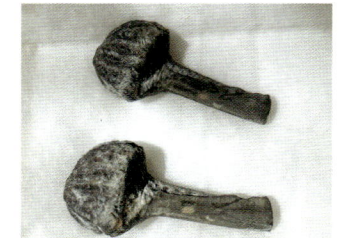

### モクレン目の花（化石／レプリカ）

*Protomonimia kasai-nakajhongii*

分類：モクレン目
産地：北海道羽幌町
時代：白亜紀後期
サイズ：約5cm

所蔵：羽幌町郷土資料館

トリメニア（復元画）

種子の大きさは約5mmほどだが、種子の皮はとても厚い。

モクレン目の花（復元画）

花の化石が、白亜紀の花の進化のようすを教えてくれる。

---

コラム

## 琥珀から発見！花粉を運んでいた1億年前の昆虫

琥珀とは、幹から染みだした樹液が固まって化石になったもの。琥珀の中には昆虫や植物片、カエルなどの小動物が入っていることがある。スペインの白亜紀中ごろの地層から見つかった琥珀には、あしに花粉をつけたハナノミのなかまが残っていた。このことから、昆虫による受粉は白亜紀にはすでにおこなわれていたことがわかるのだ。

● 虫入りの琥珀

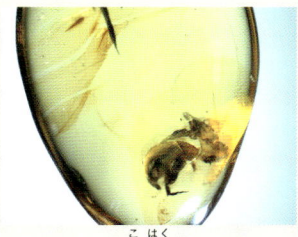

1億年前の琥珀の中で発見された花粉を運ぶ昆虫。

写真：Bo Wang　所蔵：南京地質古生物学研究所

● ハナノミのなかま

現生のハナノミ科の多くの種は被子植物の花粉を食べている。

# 哺乳類の誕生

単弓類とよばれるグループのなかから、私たちの祖先である初期の哺乳類が生まれた。
世界各地から発見された化石を調べると、哺乳類の進化のようすが見えてくる。

## 少しずつ進んだ進化

哺乳類は単弓類にふくまれます。三畳紀のはじめには、単弓類であるキノドン類とディキノドン類というグループがいましたが、ディキノドン類は三畳紀で絶滅しました。いっぽう、キノドン類は生き残って、さまざまな系統をうみ、哺乳形類という「哺乳類一歩手前のグループ」をへて、哺乳類が誕生したのです。

最初期の哺乳形類や哺乳類はメガゾストロドンのように、ネズミほどの小さな動物でした。ただし、白亜紀になるとレペノマムスといった比較的体の大きい種もあらわれて、恐竜の赤ちゃんを食べていました。哺乳類は、赤ちゃんを直接うむ、母乳で赤ちゃんを育てる、複雑な形の歯をもち、咀嚼する、体毛をもつ、あごにあった骨が耳の骨になるなどの特徴をもちますが、これらは少しずつ進化していったのです。

## 単弓類と哺乳類の系統樹

**単弓類は、哺乳類と多くの絶滅動物をふくむグループ。**

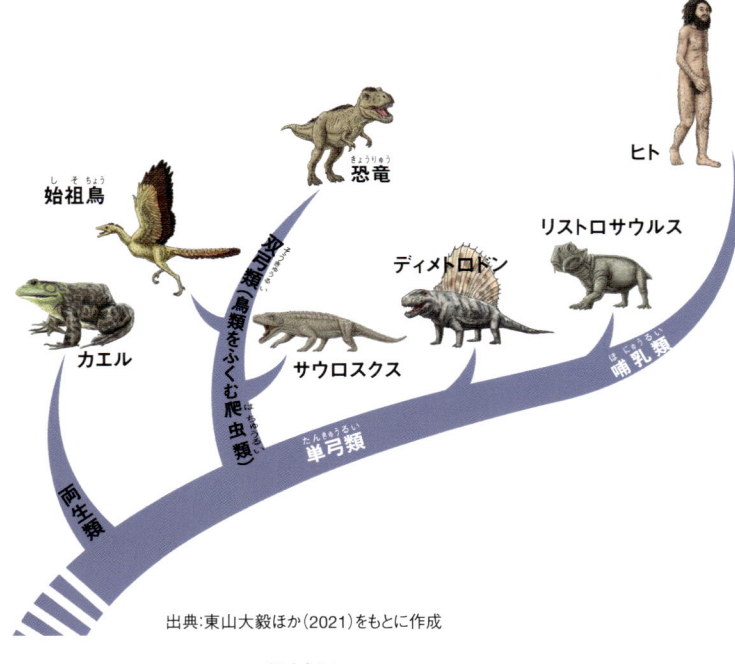

ヒト
恐竜
始祖鳥
リストロサウルス
ディメトロドン
サウロスクス
カエル
哺乳類
翼竜類（鳥類をふくむ爬虫類）
単弓類
両生類

出典：東山大毅ほか（2021）をもとに作成

● **進化の系統樹**
系統樹を見ると、化石となった生き物たちが、現在のヒトをふくむ生き物たちとのようなつながりがあるか一目でわかる。

## 恐竜時代の哺乳類の祖先

**哺乳類の祖先は、夜に行動するとても小さな動物として生き残っていた。**

環境の変化により絶滅したものと、生き残ったものがいた。

**単弓類**

**哺乳類によく似た**

### キノドン類

**イタチのようなすがたで、巣あなを掘ってくらしたり、冬眠をしたりしていた。**

**マセトグナタス（復元画）**
牙のような犬歯と平らな臼歯をもち、植物の茎や根を食べていた。

所蔵：福井県立恐竜博物館

**マセトグナタス（化石／レプリカ）**

*Massetognathus pascuali*

**分類：**トラベルソドン科
**産地：**アルゼンチン　**時代：**三畳紀　**サイズ：**全長約46cm

## 哺乳類

大気中の酸素がふえるとともに、私たちヒトをふくむ哺乳類の祖先が繁栄した。

### 初期哺乳類の典型

体内で熱をつくることのできる内温性と体毛をもつように進化した。

**メガゾストロドン（化石）**

*Megazostrodon*

分類：メガゾストロドン科
産地：アフリカ、ヨーロッパ
時代：三畳紀後期〜ジュラ紀前期
サイズ：全長約10cm

所蔵：ロンドン自然史博物館（イギリス）

**メガゾストロドン（復元画）**

ネズミぐらいの大きさで、おもに夜に昆虫や小さな爬虫類を食べていたようである。

### 中生代最大の哺乳類

大型化したレペノマムスは恐竜の幼体を食べていた。

**レペノマムス（化石）**

*Repenomamus robustus*

分類：レペノマムス科
産地：中国
時代：白亜紀前期
サイズ：全長約50cm

写真：IVPP（中国）

**レペノマムス（復元画）**

全長は50cmをこえ、体重は約5kgと推定されている。化石の胃から恐竜の幼体が発見された。

少しずつ進化

## 哺乳類の進化をひきおこした呼吸と代謝

　地球には酸素の濃度が高い時代や低い時代がありました。森林が広がり、酸素が豊富な石炭紀には大型の昆虫があらわれました。恐竜や哺乳類のなかまが誕生したのは、酸素濃度が落ちこんだ三畳紀の半ばです。一部の恐竜は骨の中にまで酸素をため、効率よく呼吸できるようになりました。この方法は現在の鳥にも受けつがれています。いっぽう、哺乳類は横隔膜を進化させて呼吸能力を高め、活発に活動できるようになりました。

大気中の酸素が多いか少ないかは生き物にとって重要だね。

私の呼吸も進化に関係あるんだ！

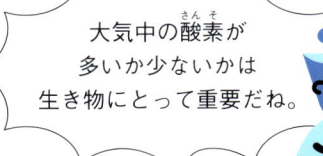

● 酸素濃度の変遷

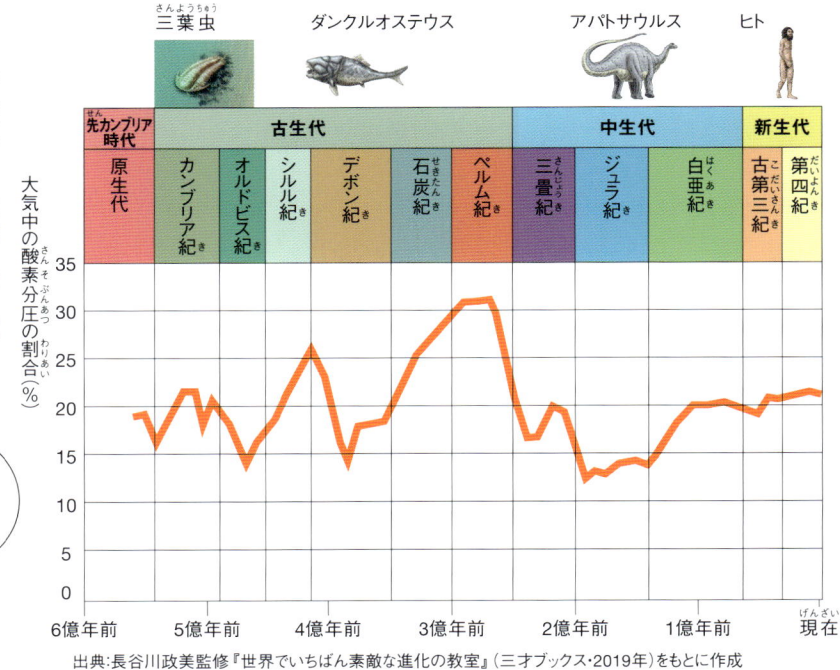

三葉虫　ダンクルオステウス　アパトサウルス　ヒト

| 先カンブリア時代 | 古生代 | | | | | | 中生代 | | | 新生代 | |
|---|---|---|---|---|---|---|---|---|---|---|---|
| 原生代 | カンブリア紀 | オルドビス紀 | シルル紀 | デボン紀 | 石炭紀 | ペルム紀 | 三畳紀 | ジュラ紀 | 白亜紀 | 古第三紀 | 第四紀 |

大気中の酸素分圧の割合（%）

6億年前　5億年前　4億年前　3億年前　2億年前　1億年前　現在

出典：長谷川政美監修『世界でいちばん素敵な進化の教室』（三才ブックス・2019年）をもとに作成

33

# 哺乳類が繁栄した新生代

非鳥類型恐竜の絶滅をへて、哺乳類が繁栄する新生代になった。

日本列島が大陸からはなれて形づくられてきた時代の重要な化石を見ていこう。

新生代
中生代
古生代

## 大型化した哺乳類

巨大恐竜がいなくなり、長い時間をかけて哺乳類が大型化した。

◉ パラケラテリウムの頭骨　写真：アメリカ自然史博物館

モンゴルで発見されたパラケラテリウムの頭骨と
アメリカ自然史博物館のプリパレーター（p.27）。
1923年の写真。

**パラケラテリウム（化石）**

*Paraceratherium transouralicum*

分類：ヒラコドン科
産地：カザフスタン
時代：古第三紀漸新世後期
サイズ：体長約7.5m

**人類の進化**
Human Evolution

**パラケラテリウム（復元画）**
巨大なサイのなかまで、首と四肢が長いのが特徴。

## 初期霊長類に近い哺乳類

恐竜絶滅からわずか10万年後に生きていた。

### プレシアダピス (化石)

*Plesiadapis*

分類：プレシアダピス科
産地：北米、ヨーロッパ
時代：古第三紀暁新世
サイズ：全長約70cm

### プレシアダピス (復元画)

木の上でくらし、昆虫や果実を食べていたと考えられている。

## 地上を歩く大型鳥類

大量絶滅を生きのびた
巨大な鳥類が
地上の支配者だった。

### ガストルニス (化石)

*Gastornis giganteus*

分類：ガストルニス科
産地：アメリカ合衆国
時代：古第三紀始新世
サイズ：体高約2m

写真:Vince Smith

### ガストルニス (復元画)

大きな体をささえる強力なあしと大きなくちばしをもっていた。

国立科学博物館の地球館地下2階の展示。「陸上を支配した哺乳類」コーナー。

# 日本列島が大陸だった時代

6600万〜2500万年前、日本列島はユーラシア大陸の一部だった。
恐竜をふくむ大量絶滅後に繁栄した生き物たちのようすが化石から明かされる。

新生代
中生代
古生代

## 6600万〜2500万年前

ほぼ古第三紀とよばれる時期にあたり、気候は中生代に続き温暖だった。

### 陸から海に適応した

#### 鯨偶蹄類

カバやクジラ、キリンなどをふくむ動物のグループ。

所蔵:国立科学博物館

バシロサウルス（化石／レプリカ）

*Basilosaurus cetoides*

分類:バシロサウルス科　産地:アメリカ合衆国
時代:古第三紀始新世後期　サイズ:全長約20m

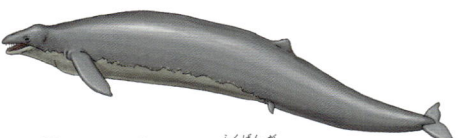

バシロサウルス（復元画）

細長いからだをしており、発見当時は海棲爬虫類とまちがえられた。

### パキケトゥス（化石／レプリカ） *Pakicetus attocki*

分類:パキケトゥス科　産地:パキスタン〜インド西部
時代:古第三紀始新世前期　サイズ:全長約2m

所蔵:国立科学博物館

パキケトゥス（復元画）

陸上から水へもどった最古のクジラ。おもに甲殻類や軟体動物を食べていた。

 コラム

### クジラは陸から海へ 水

　クジラは陸上で生活していた哺乳類から進化した。パキケトゥスは現在のパキスタンで見つかる最初期のクジラのなかまで、まだ体が小さく、地面を歩く四肢はあるが、半分水棲の生活だったようだ。その後少しずつ体が大きくなり、水棲に適応した体に進化していった。また、のちにハクジラとヒゲクジラに分かれていった。

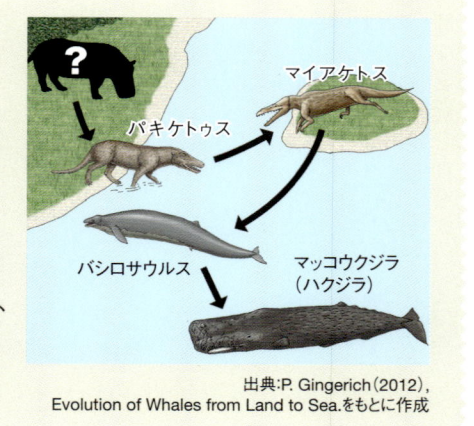

出典:P. Gingerich(2012),
Evolution of Whales from Land to Sea.をもとに作成

## 大量絶滅からの復活の道のり

　白亜紀末の隕石衝突によって多くの種が滅びましたが、古第三紀には生き残った生き物たちが繁栄を始めました。古第三紀は古いほうから順に暁新世[*1]、始新世[*2]、漸新世[*3]に分けられます。大きな有孔虫であるヌムリテスは古第三紀の示準化石（p.12）。大量絶滅後、暁新世では、最初にシダ植物がふえ、その後、裸子植物や被子植物（p.31）が回復していきました。

　哺乳類は多くが大量絶滅期の前後にあらわれましたが、古第三紀になるといろいろな生態的地位を占めるようになりました。そのなかには私たち霊長類もふくまれます。クジラのなかまは始新世にあらわれ、海に進出しました。暁新世と始新世前半は比較的温暖な気候で、ワニ類やカメ類などの爬虫類も繁栄しましたが、その後地球は少しずつ寒冷化していきました。

*1 暁新世は、6550万〜5580万年前の時代をさす。　*2 始新世は、5580万〜3390万年前の時代をさす。　*3 漸新世は、3390万〜2303万年前の時代をさす。

## 古生代から生きる海の微生物

### 有孔虫

古生代のフズリナ(p.21)をはじめ、現在も世界じゅうの海にいる。

**ヌムリテス**（化石）

*Nummulites oosteri*

分類：ヌムリテス科
産地：イタリア
時代：古第三紀始新世
サイズ：幅約3〜5cm

**100円硬貨**

**小さな貨幣石**

**大きな貨幣石**

温暖な海に生きていたヌムリテスは、有孔虫のなかで特別大きい。

所蔵:奇石博物館

**ヌムリテス**（復元画）
殻の化石は、見た目がコインに似ていることから貨幣石とよばれる。

## 全国で見つかるスッポンのなかま

### カメ類

変温動物のカメの大型化は、当時の気候があたたかかったことを示す。

**アドクス**（化石）

*Adocus kohaku*

分類：アドクス科
産地：岩手県久慈市
時代：中生代白亜紀後期
サイズ：全長約70cm

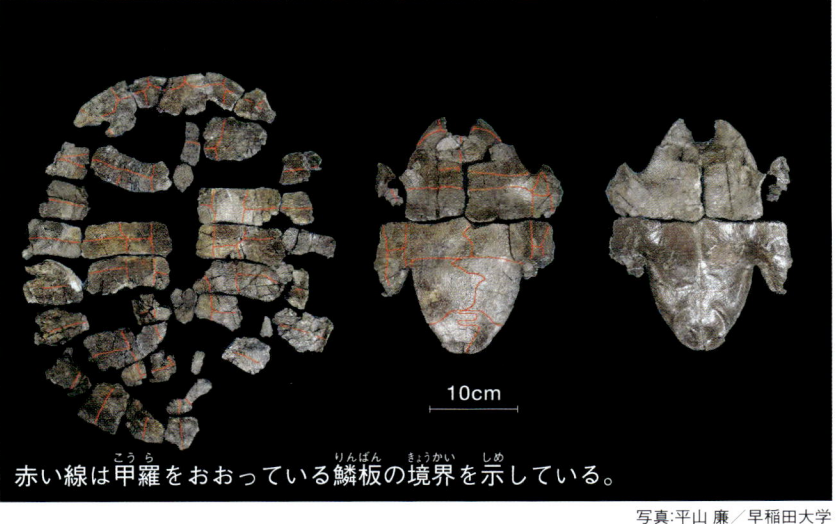

10cm

赤い線は甲羅をおおっている鱗板の境界を示している。

写真:平山 廉／早稲田大学

**アドクス**（復元画）
中生代の白亜紀後期から新生代の漸新世中期までアジアや北アメリカに生息していた。

## 奇跡の全身骨格標本

### 霊長類

ヒトをふくむ霊長類の祖先のすがたは、化石から知ることができる。

**ダーウィニウス**（化石）

*Darwinius masillae*

分類：アダピス科
産地：ドイツ
時代：古第三紀始新世
サイズ：全長約58cm

写真：Jens L Franzen ,
Philip D Gingerich, Jörg Habersetzer,
Jørn H Hurum,
Wighart von Koenigswald,
B Holly Smith

世界的にとてもめずらしい全身骨格標本で、「イーダ」の愛称でよばれている。

哺乳類のなかまが気になる！

陸上や海の環境にあわせて進化してきたよ。

**ダーウィニウス**（復元画）
初期の霊長類で、化石の胃の中から木の実などが発見された。

# 日本列島ができはじめた時代

2500万～1500万年前、日本列島はユーラシア大陸からはなれて今の位置になった。
その時代、どんな生き物たちが日本列島にいたのだろう。

新生代
中生代
古生代

## 2500万～1500万年前 🔖1巻

最初に、日本列島のもとが大陸からはなれて、
さけ目に海水が入り日本海ができた。

日本列島って動いたの？

500万年というとても長い時間をかけて、大陸からはなれて今の位置にきたと考えられているよ。

### 謎めいた哺乳類

**束柱類**

歯が柱を束ねたような形をしている。化石は日本での発見が多い。

**デスモスチルス**
（化石／レプリカ）

*Desmostylus hesperus*

分類：デスモスチルス科
産地：北海道枝幸町　時代：新第三紀中新世中期
サイズ：全長2.8m

写真:産総研地質調査総合センター

**パレオパラドキシア**（化石／産状レプリカ）

*Paleoparadoxia*

分類：パレオパラドキシア科　産地：岐阜県瑞浪市
時代：新第三紀中新世　サイズ：全長約2m

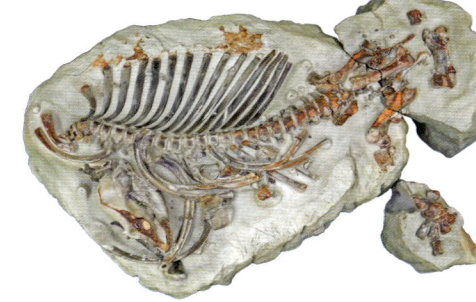

写真:瑞浪市化石博物館

**デスモスチルス**（復元画）

これまで福島県、群馬県、岐阜県、岡山県などで全身骨格が見つかっている。

**デスモスチルスの歯**（化石）

デスモスチルスの上あごの奥歯。沿岸で海藻や海底無脊椎動物を食べていた。

写真:甲能直樹　所蔵:国立科学博物館

**パレオパラドキシア**（復元画）

全身骨格の化石から浅い海でくらしていた可能性が高いことがわかった。

## 日本列島にいた生き物たち

古第三紀の次の時代を新第三紀（p.14）といい、中新世[*1]と鮮新世[*2]がふくまれます。地球は全体的にすずしく、乾燥した気候でした。このころの日本を代表する化石がデスモスチルスやパレオパラドキシアです。彼らは束柱類とよばれる水棲あるいは半水棲の哺乳類で、漸新世から中新世にかけて環太平洋沿岸にすんでいました。カバに似ていますが、カバとは別のグループで、のり巻きをならべたような歯が特徴的です。

巻貝のビカリアや巨大なサメであるメガロドンも新第三紀に繁栄した生き物です。ビカリアはあたたかい汽水域[*3]を好んでいました。生きていた時代がかぎられているため、示準化石（p.12）としてよく知られています。また、メガロドンは全長が12mにもなるといわれ、当時の海のおそろしい捕食者でした。

*1 中新世は、2303万～533万2000年前の時代をさす。　*2 鮮新世は、533万2000～258万8000年前の時代をさす。　*3 海水と淡水がまじるところ。

## 巻貝 5巻

熱帯から亜熱帯の干潟にいた

かつて海だった地域が多い日本では巻貝の化石は各地で発見されている。

AREA
奈義町（岡山県）

写真:なぎビカリアミュージアム

### ビカリア（化石）

*Vicarya*

分類: ウミニナ科
産地: 岡山県奈義町
時代: 新第三紀中新世前期
サイズ: 全長約10cm

ビカリアは、あたたかい地域の干潟に生息していたと考えられている。

写真:藤原 治／産総研地質調査総合センター

ビカリアなどの化石が入った地層を間近で見られる化石壁保存展示。

写真:奇石博物館

### 月のおさがり（ビカリアの内型化石）

宝石にもなるオパールやめのうでビカリアの中身がうめられた内型化石。化石の見た目から「お月さまのウンチ」を思いうかべて名づけられたとされている。

## サメ類

全長20メートルの巨大生物

サメの骨はやわらかいので化石になりにくく、かたい歯のみが化石になりやすい。

### メガロドン（化石）

*Otodus megalodon*

分類: ネズミザメ目
産地: 世界じゅう
時代: 新第三紀中新世
サイズ: 全長約20m

メガロドンの歯の化石。大人の手のひらほどの大きさだ。

### メガロドン（復元画）

現在は海のない埼玉県でも化石が発見されたメガロドン。その大きな歯から、全長は約20〜26mとされる。

### コラム

## 大陸の一部だった日本列島は、ゆっくりはなれて移動していた 1巻

漸新世から中新世にかけては日本列島の形成で重要な時代だ。日本列島のもとになる場所はユーラシア大陸の東のはしにあり、プレートが沈みこむ場所で堆積物が集まってできた＊。約2500万年前に、のちに日本列島となるかたまりがユーラシア大陸と分裂しはじめ、約1500万年前には日本海が誕生した。当時は東と西で島が分かれていた。

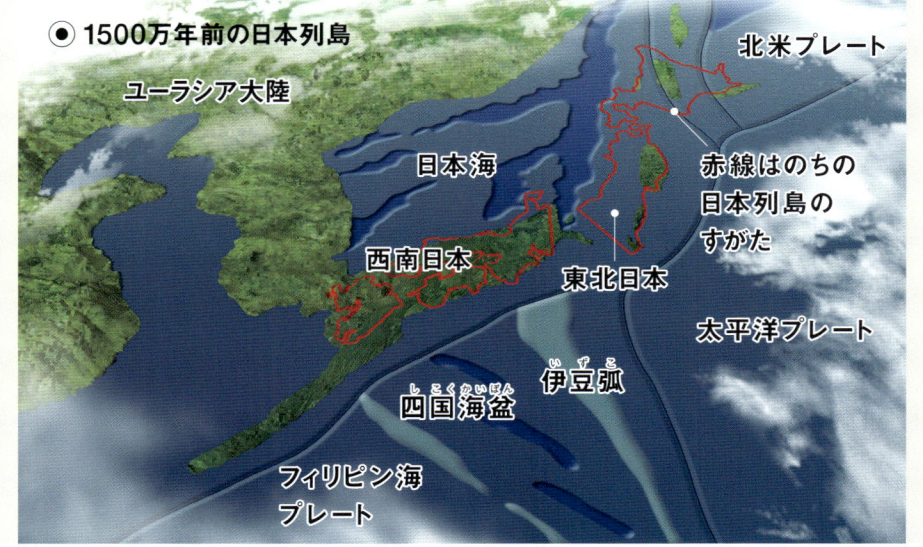

●1500万年前の日本列島

ユーラシア大陸
日本海
北米プレート
赤線はのちの日本列島のすがた
西南日本
東北日本
太平洋プレート
伊豆弧
四国海盆
フィリピン海プレート

＊海底の堆積物がはぎとられて陸側に次つぎとくっついたものを付加体という。

出典:木村 学ほか監修『日本列島2500万年史』（2019・洋泉社）

# 日本列島が成立した時代

1500万〜4万年前、日本列島の火山活動が活発になり、現在のすがたに近づいた。
この時代の地層からはかつて日本列島にいた生き物たちの化石が発見されている。

新生代 / 中生代 / 古生代

## 1500万〜4万年前

多くの山が高くなり、氷期と間氷期のくりかえしは日本列島の形を大きくかえた。 1巻

### 日本列島にいた小型ゾウ

**長鼻類**

日本にもかつてゴンフォテリウムやアケボノゾウなど7種類ほどのゾウがいた。

**アケボノゾウ**（化石／レプリカ）

*Stegodon aurorae*

分類：ステゴドン科
産地：滋賀県多賀町
時代：第四紀
サイズ：体高約2m

写真：多賀町立博物館

**アケボノゾウ**（復元画）

約250万〜100万年前に日本各地に生息。滋賀県で足跡が発見された。

### 太古の森の記録

**森林**

かつての水辺を囲むようにあった森がそのまま化石になったのが「化石林」。

**古琵琶湖の化石林**（化石）

Echigawa Petrified Forest

分類：植物　産地：滋賀県東近江市
時代：第四紀　サイズ：広さ約1万㎡

写真：滋賀県立琵琶湖博物館

**化石林**（復元画）

化石林を調べると、珪化木（p.9）や花粉の化石から当時の環境がわかる。

### コラム

#### 琵琶湖の移りかわり 水

琵琶湖は古代湖といわれるほど歴史が古く、400万年以上も昔にできたのが始まり。おどろくべきことに、もともとは三重県伊賀市のくぼ地に生じたが、北へ移動して現在の位置になった。この移動には、地盤の沈降などの地殻変動が複雑に関係していて、形や深さがかわりながら、現在の位置になったことがわかっている。

● 琵琶湖の移りかわり

現在の琵琶湖

堅田湖（約100万〜40万年前）
蒲生湖（約250万〜180万年前）
阿山湖（約3300万〜270万年前）
甲賀湖（約270万〜250万年前）
大山田湖（約400万〜320万年前）

出典：熊谷道夫ほか「琵琶湖は呼吸する」（2015年）をもとに作成

## 日本列島にいた生き物たち

1500万〜4万年前は新第三紀中新世の中ごろから第四紀更新世[1]の終わりごろにあたります。このころ、南東方向からプレートに運ばれてやってきた伊豆弧[2]が本州にぶつかり、日本列島が今のすがたに近づいていきました。神奈川県北西部にある丹沢山地ではあたたかい海の動物であるサンゴの化石が多く見つかっています。これは、500万年前に丹沢山地のもととなる火山島が本州に衝突してできたことを示しているのです。

また、440万年前には琵琶湖の原形となる湖がつくられました。この時代、日本列島にはゾウやワニなど、今では考えられないようなさまざまな生き物がすんでいました。

＊1 更新世は、258万8000〜1万1700年前の時代をさす。　＊2 伊豆弧とはフィリピン海プレート上の海底火山や火山島の列のこと。

## サンゴ

丹沢山地からはサンゴの化石をふくむ石灰岩が見つかる。山の中で見つかるサンゴの化石は、その場所がかつて南の海だったことを教えてくれる。

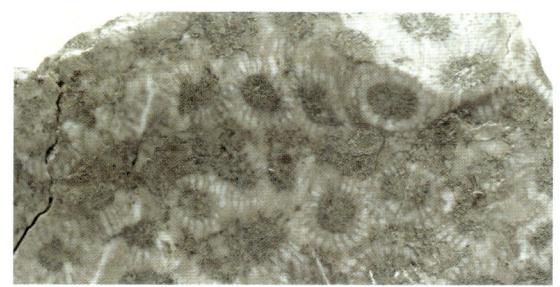

オオマルキクメイシの化石をふくむ石灰岩は、山北町を流れる皆瀬川にそって露出している。

写真：平塚市博物

写真：平塚市博物

### ノウサンゴ（化石）

*Platygyra*

分類：サザナミサンゴ科
産地：神奈川県（丹沢地域）
時代：第三紀中新世
サイズ：幅約9cm

### オオマルキクメイシ（化石）

*Montastrea magnistellata*

分類：サザナミサンゴ科
産地：神奈川県山北町
時代：第三紀中新世
サイズ：幅約9cm

### ノウサンゴ（復元画）

群体が丸く成長し、見た目が脳に似ていることから、その名がついた。

## ワニ類

現在の日本列島にワニはいないが、かつては大きなワニが生息していた。

### マチカネワニ（復元画）

当時、温帯だった日本列島の水辺にくらし、長い鼻づらをいかして魚などを食べていた。

写真：大阪大学総合学術博物館

### マチカネワニ（化石　ホロタイプ標本）

*Tomistoma machikanense*

分類：ガビアル科
産地：大阪府豊中市
時代：第四紀更新世
サイズ：体長約6.9〜7.7m

写真の右側が頭骨で、左奥のほうへ胴体が続く。尾はほとんど発見されていない。

**コラム**

### 日本にはかつて 野生の巨大ワニが生きていた！

マチカネワニは全長7mにもなる大型のワニで、大阪府でほぼ完全な化石が見つかっている。鼻づらがとても長く、7番目の上あごの歯がとても大きいことが特徴的だ。系統上はマレーガビアルという東南アジアにすむワニに近い。現在の熱帯や亜熱帯にすむワニとはことなり、マチカネワニは温帯にすんでいたと考えられている。

大阪大学豊中キャンパス内で発掘されたマチカネワニの頭骨。

◉発掘のようす

写真：大阪大学総合学術博物館

# 日本列島に人が住む時代

約250万年前の第四紀更新世のころに氷河期がおとずれた。
移りかわる気候にあわせるようにして、私たちヒトをふくむ生き物たちが生きてきた。

## 4万年前〜現在

海水面が100m以上下がった2万年前、
大陸と島がつながり生き物たちは行き来した。

**大型陸棲哺乳類を代表する**

### 鯨偶蹄類

日本列島にはかつてオオツノジカ、ヘラジカ、
ニッポンムカシジカなどが生息していた。

**日本最古の人骨**

### 霊長類

日本列島の旧石器時代の人骨は、琉球列島をのぞいてほとんど見つかっていない。

### 港川人（化石／レプリカ）
*Homo sapiens*

**分類**：ヒト科
**産地**：沖縄県八重瀬町
**時代**：第四紀更新世
**サイズ**：身長約154cm

**ヤベオオツノジカ**（化石）
*Sinomegaceros yabei*

**分類**：シカ科
**産地**：山口県美祢市　**時代**：第四紀更新世
**サイズ**：体長約2.6m

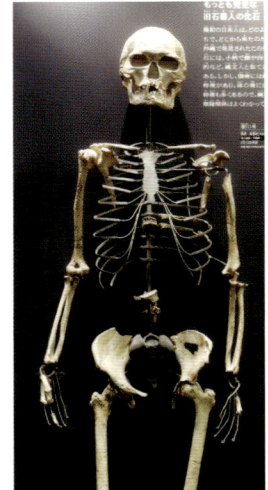

所蔵：国立科学博物館

**ヤベオオツノジカ**（復元画）
日本に特有の大型化石シカ類。
角の手のひらのような部分だけの長さで約50〜60cmある。

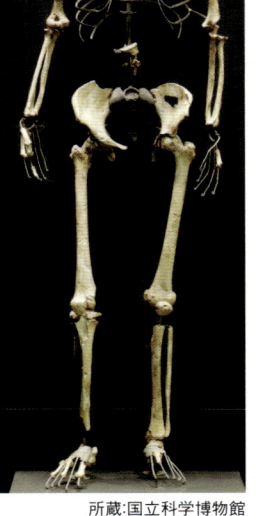

所蔵：国立科学博物館

**港川人**（復元画）
かつては港川人が縄文人の祖先と考えられていたが、最近の研究では、港川人と縄文人の祖先はことなるという説もある。

## 寒さに適応した大型動物

　約250万年前から現在に至る期間は氷河期とよばれ、氷床が発達する氷期と比較的温暖な間氷期がくりかえされています。最後の氷期は11万6000年前〜1万1700年前で、現在は間氷期（後氷期）にあたります。したがって、日本列島に人が住むようになった約3万8000年前は氷期の真っただ中でした。このころ、日本には寒い環境に適応したナウマンゾウやとても大きなツノをもつヤベオオツノジカ、そして更新世オオカミなどが生息していました。沖縄県石垣島からは、国内最古の人骨（港川人）も発見されています。

　世界に目を向けると、氷河期には大きな犬歯をもつネコ科のスミロドンや地上性のオオナマケモノであるメガテリウムなどがいました。これらの動物は氷期の終わりとともに絶滅しました。

イヌやネコのなかま

# 食肉類
しょくにくるい

**日本列島にオオカミ、南北アメリカにはスミロドンが生息していた。**

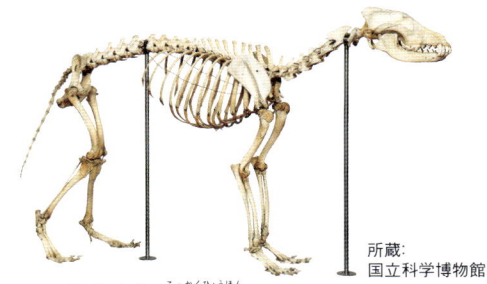

所蔵:国立科学博物館

## ニホンオオカミ（骨格標本）
こっかくひょうほん

日本固有の小型ニホンオオカミ。本州、四国、九州にいたが20世紀初頭に絶滅した。
せいしょとう　ぜつめつ

### ◉ 更新世オオカミと
こうしんせい
### ニホンオオカミの系統樹
けいとうじゅ

更新世オオカミと別系統のニ
こうしんせい　　べつけいとう
ホンオオカミが、大陸から別
べつに日本列島へわたってき
た。5000年前のニホンオオ
カミは2種類のオオカミが交
こう
雑したものだった。
ざつ

出典：東京工業大学ほか
「ニホンオオカミの起源を解明」
（2022）より作成

\*ことなる種が交配して
新しい種が誕生すること。
たんじょう

## 更新世オオカミ（化石）
こうしんせい

*Canis lupus linnaeus*

分類：イヌ科
産地：栃木県佐野市　時代：第四紀更新世
きのし　　　　　だいよんきこうしんせい
サイズ：体長約120cm

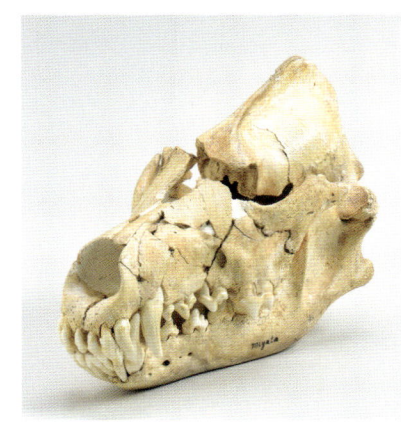

写真:国立歴史民俗博物館

## スミロドン（化石）

*Smilodon fatalis*

分類：ネコ科　産地：アメリカ合衆国
がっしゅうこく
時代：第四紀更新世
だいよんきこうしんせい
サイズ：体長約2m

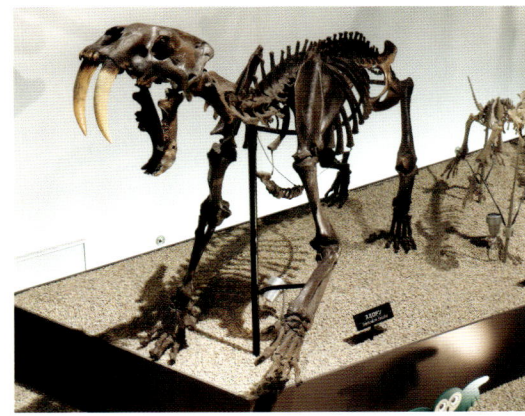

所蔵:国立科学博物館

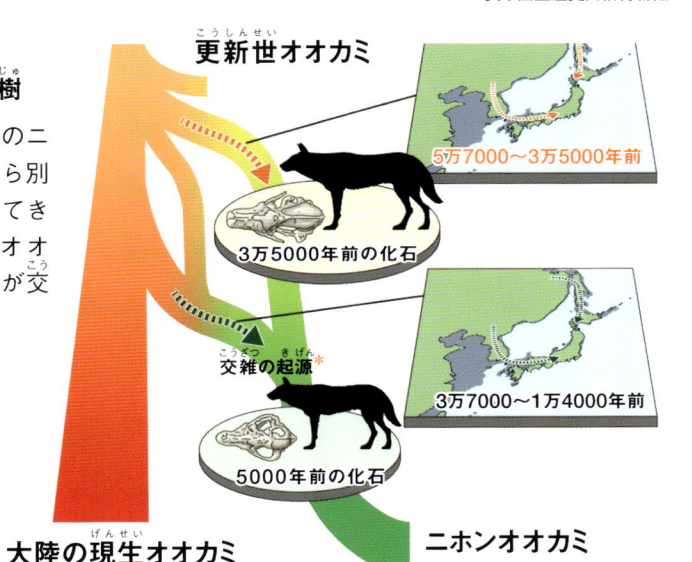

更新世オオカミ
こうしんせい

5万7000～3万5000年前

3万5000年前の化石

交雑の起源\*
こうざつ　きげん

3万7000～1万4000年前

5000年前の化石

大陸の現生オオカミ
げんせい

ニホンオオカミ

## スミロドン（復元画）
ふくげんが

南北アメリカにいたスミロドンは長い犬歯を使って大型動物を
おおがたどうぶつ
とらえていた。

---

コラム

### ◉ 氷期の日本列島
ひょうき

宗谷海峡
そうやかいきょう

白い線は
げんざい
現在の海岸線

津軽海峡
つがるかいきょう

対馬海峡
つしまかいきょう

暖流
だんりゅう
寒流
かんりゅう
日本人の祖先のルート
そせん

出典:海部陽介著『日本人はどこから来たのか』（文藝春秋・2016）をもとに作成

5万～3万年前の日本列
島は、現在とくらべて
げんざい
海面が80mほど低く、
今より陸地（灰色の部
はいいろ
分もふくむ）が広かっ
た。

化石から
いろんなことが
わかるんだね！

地層の中の化石が
ちそう
キミたちに
見つけられるのを
待っているよ。

### 4万年前から人は、日本列島に何度もわたってきた

歴史

日本人の祖先は3つのルートで日本に進出したと考えられている。約
そせん
3万8000年前にユーラシア大陸から海をわたって対馬（長崎県）へ、約
つしま
3万年前に海をわたって沖縄諸島へ、そして約2万6000年前に当時地つ
づきだったシベリアから北海道へわたってきた。日本人のルーツを知る
には、遺跡の発掘や骨の遺伝子型をくらべることがとても大切だ。
いせき　はっくつ　ほね　いでんしがた

本物の化石が掘れる！

# 全国おすすめ施設ガイド

全国にある化石発掘体験ができる施設から7か所を選んで紹介する。
これまでに恐竜の歯の化石をはじめ貴重な化石が見つかっている。

AREA
久慈琥珀
博物館
（岩手県）

対象年齢：5歳以上

発掘されたティラノサウルスのなかまの歯（長さ約9mm）。

発掘された特大の琥珀。重さは300gをこえる。

白亜紀の地層だが、やわらかいのでスコップを使って発掘できる。

発掘体験は、カメの化石アドクス（p.37）などの貴重な化石が発掘された場所でおこなわれる。

写真（4点とも）：久慈琥珀博物館

### 恐竜の歯が発見された地層で発掘

4月から11月にかけて、琥珀などの化石の発掘体験ができる。発掘する場所は、久慈層群とよばれる約9000万年前の白亜紀の地層。この地層は、宝石にもなる琥珀（p.8）が見つかることで知られるが、恐竜やカメなどの動物化石や植物化石もたくさん見つかる。琥珀採掘体験と化石発掘体験の2種類から選べる。

⦿ 久慈琥珀博物館
住所：岩手県久慈市
小久慈町19-156-133
電話：0194-59-3821

AREA
トリゴニア
砂岩化石
採集場
（熊本県）

対象年齢：4歳以上

石の中から二枚貝やアンモナイトなどがよく見つかる。

石の表面に化石が見えることも多く、比較的かんたんに化石を見つけることができる。

ハンマーを使って岩石を割る。ハンマーは貸しだしている。

御所浦恐竜の島博物館から徒歩5分の場所にある化石採集場。

写真（4点とも）：株式会社白亜紀

### 砂岩を割って白亜紀の化石を見つけよう

「化石の島」とよばれる御所浦島にある、約1億年前の白亜紀の地層の砂岩から化石の発掘体験ができる。博物館のある港からも近く、体験用の道具の貸しだしもあるので、手軽に参加しやすい。貝化石のトリゴニア（p.12）をはじめアンモナイトなども見つかっている。スタッフが常駐しているので安心して参加できる。

⦿ 天草市立御所浦
恐竜の島博物館
住所：熊本県天草市
御所浦町御所浦4310-5
電話：0969-67-2325

写真：天草市立御所浦恐竜の島博物館

**AREA**
フォッサ
マグナミュージアム
（新潟県）

対象年齢：満4歳以上

採集した化石は、1人3個まで持ちかえることができる

小さな公園のような「化石の谷」は博物館の駐車場のすぐ横にある。

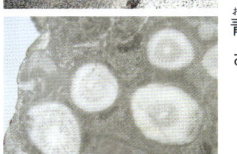

青海石灰岩から採集されたサンゴの化石。

写真（3点とも）：フォッサマグナミュージアム

## 約3億年前の化石に出会える

ひすいで知られる糸魚川市には、約3億年前の石灰岩もあり、南のあたたかい海にいた生き物たちの化石が見つかる。施設の敷地内に設けられた「化石の谷」では、糸魚川市内の黒姫山周辺の採石場から運んできた石灰岩で化石の発掘体験ができる。ハンマー、ゴーグル、バケツは貸しだしている。

● フォッサ
　マグナミュージアム
住所：新潟県糸魚川市
大字一ノ宮1313

電話：025-553-1880

---

**AREA**
化石発掘体験地
（群馬県）

対象年齢：3歳以上

自然のままの環境で化石発掘ができる貴重な機会。

神流町恐竜センターから車で10分ほどの場所にある「化石発掘体験地」。

発掘された巻貝カシオペの化石。

写真（4点とも）：神流町恐竜センター

## 自然の地層で発掘体験ができる

関東で唯一、恐竜の化石が発見されている群馬県神流町。同町では、約1億2000万年前の白亜紀の地層で化石の発掘体験ができる。海でできた地層からは貝化石、陸でできた地層からは植物化石が見つかりやすい。発掘した化石は持ちかえることができる。また化石発掘体験地の近くには、恐竜の足跡化石がある。

● 神流町
　恐竜センター
住所：群馬県多野郡
神流町大字神ヶ原51-2

電話：0274-58-2829

---

**AREA**
野外恐竜博物館
（福井県）

対象年齢：年齢制限なし

発掘体験場は、恐竜時代の手取層群から採取された岩石がごろごろしている。

発掘されたワニの歯の化石（長さ約1cm）。

恐竜化石の発掘現場の見学のようす。

写真（4点とも）：福井県立恐竜博物館

## 日本最大の恐竜化石の発掘現場

恐竜化石の発掘現場の見学と、化石の発掘体験ができる、福井県立恐竜博物館のフィールドステーション。今も調査が進む発掘現場は、約1億2000万年前の白亜紀の手取層群という地層。この地層から運んだ岩石を割り、出てきた恐竜時代の生き物の化石については、研究員から説明を受けられる。

● 福井県立恐竜博物館
住所：福井県勝山市
村岡町寺尾51-11
かつやま恐竜の森内

電話：0779-88-0001

---

**AREA**
いわき市アンモ
ナイトセンター
（福島県）

対象年齢：小学生以上

化石の解説と発掘方法などのオリエンテーションを受けた後に発掘体験が始まる。

アンモナイトを多産する本物の地層を利用した屋外体験発掘場。

発掘されたアンモナイトの化石。

写真（4点とも）：いわき市教育委員会

## アンモナイト発掘も夢ではない

毎週末に発掘体験ができる施設。福島県いわき市は、フタバスズキリュウ（p.28）をはじめ、古生代・中生代・新生代の各地層があり、多くの化石を産出するため「化石の宝庫」とよばれている。同センターでは、アンモナイトが集中して発見された、約8900万年前の白亜紀の地層で発掘体験ができる。

● いわき市
　アンモナイトセンター
住所：福島県いわき市
大久町大久字鶴房147-2

電話：0246-82-4561

---

**AREA**
むかわ町
穂別博物館
（北海道）

対象年齢：小学3年～6年

実際に貴重な化石が発掘された地層で、発掘体験ができる。

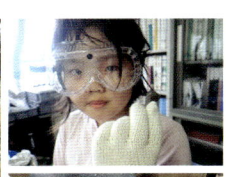

石をクリーニングして魚のうろこの化石を発見。

大きな二枚貝ナノナビスの化石。

写真（4点とも）：むかわ町穂別博物館

## カムイサウルスの発掘現場で体験

日本産恐竜の全身骨格としては最大のカムイサウルス（p.8）が見つかった現場で、発掘体験ができる会員制のクラブ活動。同博物館にて化石のレクチャーを受けてから、約7200万年前の白亜紀の蝦夷層群という地層が出ている現場へ向かう。化石についた岩石を取りのぞくクリーニング作業もできる。

● むかわ町
　穂別博物館
住所：北海道むかわ町
穂別80-6

電話：0145-45-3141

# さくいん

**文・監修：田中康平**（た　なか　こう　へい）

筑波大学生命環境系助教。愛知県名古屋市出身。北海道大学理学部卒業。カナダ・カルガリー大学大学院地球科学科修了。Ph.D.。恐竜の巣づくりや子育てを中心に、恐竜の進化や生態を研究している。NHKラジオ「子ども科学電話相談」の回答者としても活躍中。著書に『恐竜学者は止まらない！読み解け、卵化石ミステリー』（創元社）、『最強の恐竜』（新潮新書）などがある。

**取材協力（五十音順）**

天草市立御所浦恐竜の島博物館、RC GEAR、茨城県自然博物館、いわき市アンモナイトセンター、株式会社白亜紀、神流町恐竜センター、奇石博物館、久慈琥珀博物館、国立科学博物館、坂田玉枝、長崎市恐竜博物館、中谷大輔、西本昌司、むかわ町穂別博物館、山田敏弘

**写真提供（五十音順）**

アメリカ自然史博物館、伊藤 剛、猪瀬弘瑛、大阪大学総合学術博物館、ロイヤル・ティレル古生物学博物館、蒲郡市生命の海科学館、甲能直樹、国立歴史民俗博物館、小宮輝之、坂田知佐子、佐野市葛生化石館、産総研地質調査総合センター、滋賀県立琵琶湖博物館、大連自然史博物館、多賀町立博物館、中国・IVPP、栃木県立博物館、なぎビカリアミュージアム、長谷川政美、羽幌町郷土資料館、平塚市博物館、平山 廉、フォッサマグナミュージアム、福井県立恐竜博物館、福島県立博物館、藤原 治、堀 利栄、瑞浪市化石博物館、横須賀市自然・人文博物館
Jon Augier、Bridgeman Images/amanaimages、Jens L. Franzen、NPL/amanaimages、Science Photo Library/amanaimages、Degan Shu、Vince Smith、Rodney Start、Mark A. Wilson、Bo Wang、ZUMAPRESS.com/amanaimages

**おもな参考文献（順不同）**

長谷川政美 監修『世界でいちばん素敵な進化の教室』（三才ブックス）
甲能直樹 監修『古生物大図鑑』（ニュートンプレス）
海部陽介 著『日本人はどこから来たのか？』（文藝春秋）
泉 賢太郎 著・菊谷詩子 絵『化石のきほん』（誠文堂新光社）
田中康平 著『恐竜学者は止まらない！読み解け、卵化石ミステリー』（創元社）
高木秀雄 監修『CG細密イラスト版 地形・地質で読み解く日本列島5億年史』（宝島社新書）

日本列島5億年の旅

大地のビジュアル大図鑑 **6**

# 大地にねむる 化石

発行　2024年11月　第1刷

**装丁・デザイン**
矢部夕紀子（ROOST Inc.）

**DTP**
狩野蒼（ROOST Inc.）

**イラスト**
マカベアキオ

**写真撮影**
宮本英樹

**校正**
有限会社あかえんぴつ

**協力**
坂田智佐子

**編集**
畠山泰英（株式会社キウイラボ）

文・監修：田中康平（たなか こうへい）

発行者：加藤裕樹

編集：原田哲郎

発行所：株式会社ポプラ社

〒141-8210

東京都品川区西五反田3丁目5番8号　JR目黒MARCビル12階

ホームページ：www.poplar.co.jp（ポプラ社）　kodomottolab.poplar.co.jp（こどもっとラボ）

印刷・製本：瞬報社写真印刷株式会社

©Kohei Tanaka 2024　Printed in Japan

ISBN978-4-591-18294-9／N.D.C.457/47P/29cm

日本列島5億年の旅

# 大地の ビジュアル 大図鑑

全**6**巻

N.D.C.450

**小学校高学年〜中学向き**

・B4 変型判　・各47ページ
・図書館用特別堅牢製本図書